AF495465

MINISTÈRE DU COMMERCE, DE L'INDUSTRIE & DU TRAVAIL

EXPOSITION UNIVERSELLE & INTERNATIONALE DE LIÈGE 1905

SECTION FRANÇAISE

CLASSES 53 et 54

RAPPORT

PAR M. JEAN FAURE

DOCTEUR EN PHARMACIE, CONSEILLER DU COMMERCE EXTÉRIEUR

PARIS

COMITÉ FRANÇAIS DES EXPOSITIONS A L'ÉTRANGER

Bourse du Commerce, rue du Louvre

1907

EXPOSITION UNIVERSELLE INTERNATIONALE
DE LIÈGE 1905

MINISTÈRE DU COMMERCE, DE L'INDUSTRIE & DU TRAVAIL

EXPOSITION

UNIVERSELLE & INTERNATIONALE

DE LIÈGE 1905

SECTION FRANÇAISE

CLASSES 53 et 54

RAPPORT

PAR M. JEAN FAURE

DOCTEUR EN PHARMACIE, CONSEILLER DU COMMERCE EXTÉRIEUR

PARIS

COMITÉ FRANÇAIS DES EXPOSITIONS A L'ÉTRANGER

Bourse du Commerce, rue du Louvre

1907

M. VERMOT, ÉDITEUR

CLASSES 53 & 54

Engins, Instruments et Produits de la pêche. Aquiculture, Engins, Instruments et Produits des cueillettes.

MEMBRES DU JURY

Président :

M. Gens, docteur ès sciences naturelles, professeur, membre de la Commission de pisciculture, à Verviers.

Vice-président :

M. Faure (Jean), ❋, docteur en pharmacie, à Paris.

Rapporteur :

M. Maes (Louis), ingénieur agricole, inspecteur des eaux et forêts, à Bruxelles.

Juré titulaire :

M. Ishida, ex-professeur à l'École des pêcheries, à Tokio (Japon).

Jurés suppléants :

MM. De Koning, professeur à l'Université de Liège, membre de la Commission de pisciculture, à Liège.

Fiant, maire du IIIe arrondissement de Paris, fabricant d'articles de pêche.

Experts :

France : MM. Deglos (Gabriel), à Paris ; Grellou (Alfred-Eugène), fabricant de caoutchouc, de la maison François, Grellou et Cie, à Paris.

COMITÉ D'ADMISSION

Le Comité d'admission des Classes 53 et 54 était composé comme suit :

Président :

M. Fumouze (Victor), ✻, président honoraire de l'Union des Fabricants ; président du Congrès des Spécialités pharmaceutiques de Paris, en 1900 ; membre du Jury à l'Exposition de 1900 ; Conseiller du Commerce extérieur ; etc.

Vice-président :

M. Nitot, ✻, président de Section au Tribunal de Commerce de la Seine ; membre des Comités de Saint-Louis, etc.

Secrétaire-rapporteur :

M. Faure (Jean), ✻, docteur en pharmacie, médaille d'or à l'Exposition de Saint-Louis, Conseiller du Commerce extérieur.

Trésorier :

M. Bélières, ✱, directeur de la Pharmacie Normale ; membre du Jury de la Classe 54, à l'Exposition Universelle de Paris, en 1900 ; trésorier du Groupe 23, à l'Exposition de Saint-Louis, en 1904 ; Conseiller du Commerce extérieur, etc.

Membres :

MM. Bocquillon-Limousin, médaille d'or en 1900.

Famelart, droguiste, médaille d'or en 1900 et à Hanoï.

Fiant (G.), fabricant d'articles de pêche. Médaille d'or en 1900 ; médaille d'or à l'Exposition de Saint-Louis, en 1904.

Gautier (Henri), directeur de la *Nouvelle Revue*.

Grellou, de la maison François, Grellou et Cie, membre du Jury à l'Exposition universelle de Paris, en 1900.

Lehucher (Léon), de la maison A. et L. Lehucher, membre des Comités d'admission et d'installation de l'Exposition Universelle de Paris, en 1900.

Pérard (Joseph), ingénieur à la Classe 53, à l'Exposition universelle de Paris, en 1900 ; membre du Jury de la Classe 53 à l'Exposition Universelle de Paris, en 1900 ; secrétaire général du Congrès d'aquiculture et de pêche, en 1900 ; secrétaire de la Commission internationale de pêche.

CONSIDÉRATIONS GÉNÉRALES

Les titres, par destinations, des Classes 53 et 54 étaient ainsi spécifiés :

CLASSE 53

Engins, Instruments et Produits de la pêche. Aquiculture.

I. — Matériel flottant spécial à la pêche, filets et engins ou instruments divers pour la pêche maritime, filets, nasses, pièges et engins ou instruments divers pour la pêche fluviale.

II. — Aquiculture maritime : Poissons, crustacés, mollusques et rayonnés. Aquiculture des eaux douces : Etablissements, matériel et procédés de la pisciculture ; échelles à poissons ; hirudiniculture.

III. — Aquariums.

IV. — Collections et dessins de poissons, de cétacés, de crustacés, de mollusques, etc. Perles, coquilles, nacre, corail, éponges, écailles de tortue, baleines, blanc de baleine ; ambre gris, huiles et graisses de poissons.

CLASSE 54

Engins, Instruments et Produits de cueillettes.

I. — Appareils et instruments pour la récolte des produits de la terre, obtenus sans culture.

II. — Champignons : truffes ; fruits sauvages propres à l'alimentation de l'homme.

Plantes, racines, écorces, feuilles, fruits obtenus sans culture et utilisés pour l'herboristerie, la pharmacie, la teinture, la fabrication du papier, la fabrication de l'huile ou pour d'autres usages.

Caoutchouc, gutta-percha, gommes et résines.

Après cette nomenclature suffisamment explicite nous ajouterons que, dans certains cas, il y avait un intérêt manifeste, pour l'exposant, à grouper dans une même Exposition les produits naturels du sol et certains objets fabriqués constituant de nouvelles utilisations des produits naturels ou de leurs dérivés. Des Expositions de ce genre ont surtout une réelle utilité pour les fabricants de produits pharmaceutiques, les fabricants de caoutchouc, de gutta-percha, de balata, d'après leurs propriétés.

Toutefois, ce groupement de produits fabriqués ne devait pas dominer dans chaque Exposition, et il était entendu que le Jury de la Classe 54 ne devait juger que les produits appartenant en propre à cette Classe, c'est-à-dire les produits végétaux non cultivés, aux termes mêmes du règlement.

C'est à cette catégorie que nous consacrons les développements de notre rapport.

Aux Expositions antérieures, il y eut des hésitations pour donner à ce genre de produits une classification distincte, notamment à l'Exposition Universelle de Paris, en 1900, dont la même Classe 54 réunit cependant 180 Expositions particulières, formant un ensemble considérable et des plus intéressants.

Les Classes 53 et 54 ont donc été, avec raison, détachées des anciennes répartitions, où, jusqu'en 1889, à l'Exposition Universelle de Paris, on confondait dans un très vaste ensemble, (la Classe 43), des *matières premières d'industries diverses*, n'ayant entre elles aucune corrélation, et déjà classées dans d'autres Groupes.

En établissant une nouvelle classification plus rationnelle à l'Exposition universelle de 1900, il a été formé les Classes 53 et 54, comprenant les produits du sol et des eaux, qui sont des matières commerciales ayant des individualités bien caractérisées, et n'étant pas les dépendances, un peu négligées des Jurys de fabricants de produits manufacturés déjà classés, soit, comme exemple, les textiles.

Ces Classes 53 et 54 furent très brillantes à l'Exposition de Paris ; elles ne l'étaient pas moins, dans ses proportions conséquentes, à l'Exposition Internationale de Liège 1905.

En ce qui concerne la Section française, nous y comptons 45 exposants qui, la presque totalité, sont des notabilités commerciales et industrielles, ayant déjà figuré avec honneur à diverses Expositions Universelles. Quelques débutants dans ce genre de concours ont présenté des produits intéressants et dignes de fixer l'attention du Jury.

Si nous envisageons la nature par destination des produits exposés, nous y remarquons, en prépondérance, dans la Classe 54, des espèces médicinales et exotiques dont un très grand nombre sont de nouvelles et importantes acquisitions thérapeutiques, et à côté de ces végétaux médicamenteux et d'autres produits du règne animal, figurent des préparations dont la science et l'art pharmaceutiques ont su faire dériver les formes les plus favorables à leur administration et à leur bonne conservation.

Les matières premières d'industrie ne sont pas nombreuses aux Classes 53 et 54, pour les motifs exposés plus haut ; elles se retrouvent plutôt parmi les industries dont elles sont les bases ; nous y remarquons, toutefois, sous leur état naturel, des collections de caoutchouc et de gutta-percha, substances qui, par des propriétés que l'on ne rencontre dans aucune autre, ont reçu d'innombrables applications.

Nous y voyons aussi d'intéressants spécimens de joncs et rotins, tiges qui font l'objet d'un commerce important et sont d'un grand emploi dans la vannerie, l'industrie des cannes et parapluies, la sparterie, etc.

L'emploi du liège nous a montré également d'intéressantes applications en dehors de la bouchonnerie et utilisant les déchets de cette dernière industrie.

Parmi les produits alimentaires, nous citerons les truffes dont nous aurons à parler un peu plus longuement, puis certaines formes de conserves de légumes, des huiles comestibles, etc.

Nous allons revoir ces divers produits, en nous arrêtant un peu sur ceux présentant quelques particularités.

Description des Expositions

SECTION FRANÇAISE

CLASSE 53

Pêche et Aquiculture

Dans cette Classe, figuraient principalement des tableaux, dessins et graphiques ; cela tient à ce qu'il n'eût pas été facile d'installer dans des vitrines, des réalités de pêche et d'habitants des eaux ; nous citerons :

M. Delpierre (N.) et Cie, à Boulogne-sur-Mer, exposant un tableau sur bois concernant l'aquiculture, terme qui se différencie de celui de pisciculture, en ce qu'il ne vise pas seulement la reproduction du poisson en agissant sur les espèces elles-mêmes, mais qu'il indique une étude générale de son habitat, du régime des eaux et de toutes les conditions extérieures qui lui sont favorables. — Récompense décernée : *Médaille d'argent.*

M. Fiant, fabricant d'articles de pêche, à Paris, et dont l'Exposition était installée dans la Classe 65, représentait une industrie qui a pris un développement important pendant ces trente dernières années, alors que la pêche fluviale a été adoptée par les mondains comme un sport où ne déchoit pas le gentleman.

Le matériel de cette pêche s'est, par suite, considérablement amélioré dans le sens du luxe et de l'élégance, de sorte que l'on voit des amateurs aisés ne reculant pas à dépenser jusqu'à 120 francs et plus, dit-on, pour une canne à ligne réunissant toutes les conditions de commodité et de distinction.

Dans l'Exposition de M. Fiant, on remarquait des *cannes à pêche* de chaque genre : roseau de France, bambou blanc et noir du Japon, frêne, noisetier, hickory, bois des Iles, etc. ; une collection complète de *lignes* montées sur fil, coton, cordonnet de soie blanche ou préparée, etc., avec de nombreux accessoires de lignes ; une collection de *mouches artificielles* et de *poissons factices* pour pêches de toutes espèces ; des moulinets de genres variés.

Elle contenait aussi une série d'*épuisettes* et de *filets pour la pêche fluviale* : éperviers, carrelets, verveux, tambours, balances à écrevisses, etc., et quelques *filets pour la pêche en mer*, de la crevette et de la sole.

Puis, une collection de *foënes*, *gaffes*, *harpons*, pour sortir de l'eau les poissons de forte taille, là où l'épuisette ne présente pas assez de résistance.

Enfin tous les *accessoires* de la pêche fluviale.

Et comme curiosités, quelques *perches en bambou* de 6 à 8 mètres de longueur, montrant l'article tel qu'on le reçoit de la Chine ou du Japon.

La principale fabrication de la France dans cette catégorie d'articles, est celle de la canne à pêche ; dans son usine de Mouy (Oise), M. Fiant en débite des milliers pour la vente dans le monde entier, sur tous les marchés d'Europe, comme en Amérique ainsi qu'en Afrique.

L'Exposition de M. Fiant nous a fait juger des curieux perfectionnements auxquels son industrie est parvenue, et auxquels il a collaboré en sa maison de première importance. — *Hors concours,* comme membre du Jury.

Les fils d'Emile Deyrolle, à Paris, exposaient des pièces anatomiques concernant l'aquiculture.

Cette maison, de premier ordre en ce qui concerne le matériel de l'enseignement des sciences naturelles en général, s'est assez particulièrement attachée aux modèles classiques imaginés autrefois par le Dr Auzoux, et qui reproduisent avec une apparence de réalité, des pièces anatomiques, des organes d'animaux ou de végétaux avec des coupes montrant leurs structures intérieures et faisant entrevoir leur mode de fonctionnement ; MM. DEYROLLE, donc, ont présenté quelques modèles de ce genre se rapportant aux hôtes de notre domaine aquatique.

Ce sont des leçons de choses bien plus saisissables que de longues descriptions et dont les établissements d'enseignement font un emploi de plus en plus étendu.

Il a été attribué à MM. LES FILS D'EMILE DEYROLLE *un diplôme de Grand prix.*

MINISTÈRE DE L'AGRICULTURE (Direction de l'agriculture. — Inspection générale de l'enseignement de la Pisciculture). Tableaux divers concernant la pisciculture.

Cette Inspection générale de la pisciculture a été créée il y a quelques années seulement au ministère de l'Agriculture ; elle a pour but de favoriser le repeuplement de nos fleuves et rivières.

Elle fait de son mieux pour obtenir ce résultat, et, notamment, fait subventionner les Écoles pratiques d'agriculture qui joignent à leur enseignement fondamental de la culture des terres, celui de la fécondation de la gent aquatique et de l'amélioration de son milieu de développement.

Les tableaux exposés étaient une marque de cette recommandable préoccupation.

Récompense décernée : *Grand prix.*

CLASSE 54

Cueillettes

C'est ici le domaine principalement du règne végétal, contenant aussi quelques substances d'origine animale, telles que produits des abeilles, cantharides, etc.

Si dans leur étude, nous voulons suivre un ordre à peu près méthodique, n'impliquant pas, d'ailleurs, d'appréciation par leur rang dans cet ordre, du mérite comparé des exposants, nous examinerons d'abord, les produits exposés à titre théorique, d'indications ou de vulgarisation ; puis ceux destinés à être le plus habituellement négociés en nature, et enfin ceux qui sont des bases de médicaments préparés et également exposés en leur forme médicamenteuse.

Puis, nous examinerons les matières non pharmaceutiques.

En premier lieu, nous remarquerons donc la savante Exposition de MM Bocquillon-Limousin, pharmacien à Paris, nous montrant une curieuse collection de Matière médicinale coloniale et exotique, de quelques préparations et principes actifs nouvellement isolés, avec ouvrage scientifique : « Manuel des plantes médicinales coloniales et exotiques » et thèse relatifs à ces plantes.

M. Bocquillon-Limousin, qui est un technicien très estimé de la pharmacie, n'expose pas dans un but commercial ; il a surtout en vue de faire pénétrer dans la pratique médicale, les préparations végétales des colonies françaises, dont les propriétés certaines ont été expérimentées et constatées dans les hôpitaux de Paris, au lieu des trop nombreux composés chimiques généralement d'origine allemande : pour atténuer enfin cette propension au « chimisme » thérapeutique critiqué par M. le professeur Haller, dans son rapport sur l'Exposition de 1900.

2

Depuis longtemps déjà, M. Bocquillon-Limousin s'était voué à cet apostolat, et, dès 1867, nous voyons ses études et ses efforts appréciés et récompensés aux diverses Expositions internationales de Paris et des nations étrangères. En 1900, il lui fut décerné une *médaille d'or* dans cette même Classe 54. Il était aussi, à cette Exposition, *Expert du Jury de la Classe 115.* (Produits spéciaux destinés à l'importation dans les Colonies). Le Jury a décerné à M. Bocquillon-Limousin un *diplôme de médaille d'or.*

M. A. Girard, botaniste non professionnel, à Paris, a exposé un herbier de plantes médicinales, disposé avec goût et méthode, et qui offrait un réel intérêt. — *Diplôme de mention honorable.*

M. Auguste Famelart, droguiste-herboriste à Paris, est l'un des rares survivants de ce commerce qui fut autrefois important, de l'herboristerie médicinale en gros.

Les conditions commerciales de cette branche d'affaires se sont profondément modifiées depuis une trentaine d'années. Le récolteur de plantes médicinales, autant de celles cultivées que des spontanées, au lieu de vendre comme autrefois toute sa production aux herboristes en gros, entre maintenant en rapports directs avec le commerçant de demi-gros et même le détaillant, pourvu que celui-ci puisse acheter par balles d'origine, qui ont, d'ailleurs, été réduites à un faible poids. Puis, le « chimisme » a réduit, dans une proportion très appréciable, la consommation des plantes.

De sorte que la plupart des herboristes en gros se sont transformés en pharmaciens-droguistes, ou ont disparu. M. Famelard a recueilli les épaves de plusieurs de ces maisons, et quoiqu'il exerce le commerce de droguerie générale, il est surtout herboriste en gros.

Il expose, en conséquence, à côté de préparations pharmaceutiques, des articles d'herboristerie indigène, et de ceux-ci notamment, en paquetage comprimé.

Sous cette forme, la marchandise encombrante est réduite à un volume restreint : elle est en divisions au poids de vente, et ainsi ne s'exfolie pas par des manutentions répétées.

M. Famelard, lauréat de plusieurs Expositions, avait obtenu la *médaille d'or* à celle de 1900, à Paris. — *Diplôme d'honneur.*

Mais une maison hors pair dans le commerce de droguerie médicinale, est la PHARMACIE CENTRALE DE FRANCE ou CHARLES BUCHET et Cie; il devient presque banal de signaler l'importance

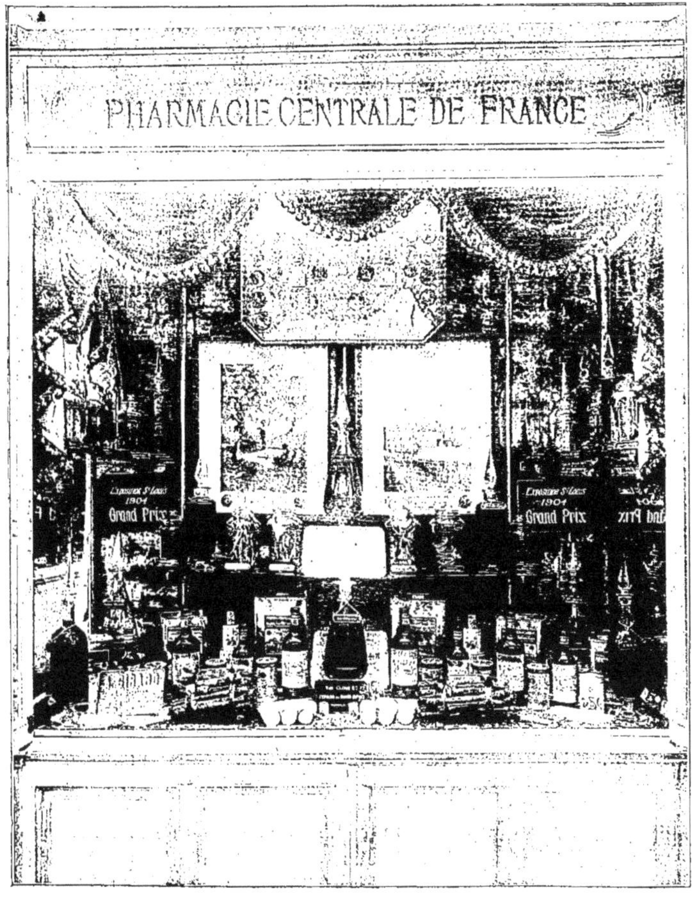

de ce vaste établissement, l'étendue de son action, la perfection de son organisation et l'excellence de ses produits.

Fondée en 1852, par association coopérative des pharmaciens, sous la direction de Dorvault, son créateur, elle s'adjoignit, en 1867, la maison de droguerie et produits pharmaceutiques, Ménier, la première alors de la place.

Sous l'administration de Dorvault, comme sous la direction de ses successeurs, Genevoix et actuellement M. Charles Buchet, la Pharmacie Centrale de France développa sans cesse son importance, et aujourd'hui, elle fonctionne avec un capital de 10 millions de francs, et un personnel de 650 employés ou ouvriers, en y comprenant ceux de ses usines, de ses succursales et agences.

Sa place principale est dans la Classe 87, mais dans celle des Cueillettes, son Exposition ne présente pas moins d'intérêt ; elle nous montre les produits d'une de ses nouvelles annexes : l'*Usine de Bar-sur-Loup* (Var), où elle se livre à l'extraction et la distillation des produits du Midi, tels que l'oranger, la rose, l'eucalyptus et autres plantes aromatiques, ainsi que de l'olivier, de l'amandier, etc.

A côté sont joints des dérivés du cacao : chocolat de santé et poudre de cacao, provenant de l'usine modèle de Saint-Denis ; et, de la même usine, le sulfate de quinine, fabriqué industriellement par MM. Buchet et Cie ; enfin, les quinquinas servant à cette fabrication.

Toujours les plus hautes récompenses ont été attribuées à la Pharmacie Centrale de France, dans les Expositions ; elle conquit, notamment, *trois Grands prix*, dans les Classes 54, 87, 115, à l'Exposition universelle de 1900, à Paris.

M. Charles Buchet est officier de la Légion d'honneur. — *Diplôme de Grand prix.*

Dans la pharmacie de détail, nous voyons celle de MM. Bélières, Duffourc et Noel, la « Pharmacie Normale » à Paris, offrir une organisation remarquable et une importance sans cesse croissante, grâce à une réforme — sans violence — qu'elle apporta dans les vieux errements pharmaceutiques.

Il ne nous appartient pas de l'apprécier sous cet aspect, mais nous retiendrons la place honorable et estimée qu'elle tient dans l'exercice de la pharmacie sérieusement pratiquée.

Son Exposition dans la Classe 54 consiste en une très belle collection de quinquinas d'espèces qu'elle désigne : sauvages, pour les distinguer des sortes cultivées.

A côté des belles planches de calissaya royal, des tuyaux de

calissaya roulé, des riches écorces de succirubra, MM. Bélières, Duffourc et Noël présentent, sans doute comme repoussoir, l'inerte Maracaïbo. Il faut considérer qu'il s'agit ici moins d'échantillons commerciaux que d'une collection réunie à titre d'étude quinologique. C'est la plus belle de la Classe en ce qui concerne ce médicament dont un usage trois fois séculaire n'a pas affaibli la réputation.

A l'Exposition universelle de 1900, M. Bélières était membre du Jury des récompenses à la Classe 54, hors concours, par conséquent, puis fait chevalier de la Légion d'honneur à la suite de cette Exposition. — *Diplôme de Grand prix.*

Arrivant, maintenant, aux produits des cueillettes exposés plus particulièrement à titre de matières constituantes de médicaments préparés, nous suivrons l'ordre d'inscription au catalogue, qui est aussi l'ordre alphabétique.

Se présente sous le n° 1, M. Barbier (Edouard), pharmacien, à Paris, qui expose diverses plantes, entrant, suivant toute probabilité, dans la composition d'un médicament dénommé « Anticalculose du Dr Chevreux », également exposé.

A cela est joint un « Extrait hydroalcoolique de plantes diurétiques » ; sans doute de celles qui figurent dans la vitrine de M. Barbier.

Ces plantes sont de la matière médicale courante et « l'Anticalculose » ne jouit pas encore d'une notoriété nous permettant d'en apprécier le mérite ou l'importance commerciale.

M. Barbier a obtenu une *médaille d'or* à l'Exposition internationale d'hygiène de Paris, 1904, où il semble apparaître qu'il a exposé pour la première fois. — *Diplôme de mention honorable.*

MM. Bertaut-Blancard frères, à Paris, sont propriétaires de la spécialité si connue : *Pilules de Blancard à l'iodure ferreux inaltérable*, l'un des rares médicaments spéciaux auxquels l'Académie de médecine donna son approbation, au temps où elle consentait encore à examiner les nouveautés pharmaceutiques qui lui étaient soumises.

C'était bien aussi une nouveauté intéressante : conserver en pilules l'iodure ferreux d'une combinaison dont l'instabilité est

Bonaparte
40
Paris
PILULES
BLANCARD
Paris
BERTAUT
KIPSOL
CORYZA

encore une cause d'embarras dans les préparations courantes de pharmacie.

Le vernissage des pilules est pour beaucoup dans l'inaltérabilité de leur contenu, et ce procédé, imaginé par M. Blancard, est devenu une précieuse ressource dans la pratique pharmaceutique.

MM. Bertaut-Blancard exposent aussi un *sirop à l'iodure ferreux* également inaltérable. Tous les praticiens savent combien cette préparation officinale est cependant instable.

Quant aux pilules, leur formule était tellement bien conçue que depuis 1850 qu'elle est connue, on n'a pas fait mieux, et qu'il faut toujours ne pas s'en écarter pour obtenir des produits de bonne conservation.

Nous voyons aussi dans la vitrine de la maison Blancard, les matières constituantes de ses préparations, mais nous savons qu'elle n'en fait pas le commerce ; ses deux spécialités : Pilules et sirops, répandues dans le monde entier, et dont l'exploitation occupe 25 personnes, constituant à elles seules un commerce important.

Ses employés sont assurés de l'avenir et des accidents de la vie, par une Caisse de secours et une Caisse de retraites dont les patrons font seuls les frais et qui fonctionnent depuis plus de cinquante ans.

La maison Blancard, toujours récompensée dans les Expositions où elle a figuré, a obtenu une *médaille d'argent* à celle de Paris, 1900. — *Diplôme de médaille d'or.*

M. Bouffet, Gustave, chimiste, à Verberie (Oise), expose un intéressant herbier en 10 volumes, de la Flore parisienne, et plus particulièrement une *Eau dentifrice des Chevaliers de Malte*, en flacons présentés d'une façon très artistique, accompagnés de prospectus imitant agréablement les pages de missels de l'époque médiévale.

Toutefois nous manquons d'éléments d'appréciation sur les qualités de ce dentifrice, et sur l'importance des affaires auxquelles il donne lieu. — *Diplôme de médaille de bronze.*

M. Delouche, Jules, pharmacien à Paris, est un débutant dans les concours internationaux : il présente les matières premières de *Pilules savonneuses laxatives Boissy*, et ces pilules elles-mêmes.

D'après leurs produits constituants exposés, ces pilules sont de ces bonnes formules classiques dont l'expérience des siècles a consacré le mérite, et que M. Delouche oppose aussi au « chimisme » d'origine étrangère.

L'ancienneté, l'honorabilité de l'officine fondée sur le genre *English Chemist*, en 1808, et que tient depuis 18 ans M. Delouche, ont été prises en considération par le Jury. — *Diplôme de médaille de bronze.*

M. Deglos, pharmacien, à Paris, est propriétaire de plusieurs bonnes spécialités, ou consacrées par le temps, ou basées sur des formules constituant réellement des progrès dans l'art pharmaceutique.

Nous remarquerons notamment : les produits Guillermont : *Sirop iodo-tannique*, basé sur une combinaison jusqu'alors inutilisée des dissolutions tannifères et de l'iode, où ce dernier restant actif est cependant dissimulé à la saveur : les *Pilules de conicine* et les *Préparations de quinquina dosé* du même auteur, lequel a fait connaître un ingénieux procédé d'essai des quinquinas.

Les préparations du Dr Reinvillier : *Sirop et solution au phosphate de chaux gélatineux ; Huile de morue phosphorée et Huile phosphorée pour frictions ;* puis l'*Elixir Virenque*, aux cocaïne, pepsine et diastase ; les *Dragées Demazière* à la cascara sagrada sont aussi des produits de M. Deglos, fort bien accueillis du corps médical.

Nous y joindrons le *Sirop anti-phlogistique de Briand*, préparation qui a joui d'une grande vogue, et qui soutient toujours sa vieille renommée.

M. Deglos n'exposait pas à Paris, en 1900. — *Hors concours, comme expert du Jury.*

M. Dépensier (Charles), pharmacien-droguiste, à Rouen, successeur de M. Gascard, présente une *Eau précieuse Dépensier*, qui, d'après les matières premières qui l'accompagnent, serait principalement un antiseptique à bases végétales. Elle est l'objet d'une consommation courante en France et à l'étranger. — *Diplôme de médaille de bronze.*

M. le docteur Duhourcau, pharmacien, médecin aux eaux de Cauterets, est auteur du *Tœnifuge français*, à l'extrait chloroformo-huileux de fougère mâle des Pyrénées, et présenté sous le petit volume de 12 capsules pour une dose.

J.A.FAURE · PARIS
LE SINAPLASME
LE SINAPLASME

A côté de ces capsules sont exposés ledit extrait et la fougère qui le produit. Celle-ci est un végétal indigène dont l'action tœnifuge est notoire, et qu'il y a avantage, au point de vue national, à propager au moyen de préparations bien conçues et faciles à administrer, telles que le Tœnifuge français, qui d'ailleurs, est admis dans nos hôpitaux civils et militaires.

M. Duhourcau eut des *mentions honorables* aux Classes 35 et 87 ; une *médaille de bronze* à la Classe 115, de l'Exposition universelle de 1900, à laquelle il figurait encore dans la collectivité vétérinaire, qui obtint un Grand prix. — *Diplôme de médaille d'argent.*

M. Famel, pharmacien, à Paris, expose un *Sirop Famel, au lacto-créosote soluble* et les produits constituants de cette préparation, qui est une forme commode de la médication créosotée dans les affections des voies respiratoires.

Le sirop de Famel est une préparation stable de créosote, médicament qui obtint toujours de remarquables succès dans le traitement des lésions pulmonaires, et surtout de la désolante phtisie ; il lui est adjoint dans ce sirop, du phosphate de chaux, de la codéine et de la cocaïne, ce qui en fait un agent à la fois calmant et curatif. — *Diplôme de médaille d'argent.*

M. le Dr Faure, pharmacien à Paris, présente les spécialités qu'il prépare en collaboration et association de M. Dussuel, également pharmacien, et député de la Savoie, département où est située leur usine : à Aix-les-Bains.

Ce sont notamment : L'*Elixir de J. Bonjean*, à base d'éther, remède contre les affections gastro-intestinales et dont la formule est due au savant qui découvrit l'ergotine ; la *Pâte d'aconit Bonjean* à l'érysimum et au lichen, contre les affections des voies respiratoires.

Un de leurs produits se recommande notamment par son originalité propre et son utilité pratique : c'est le *sinaplasme* ou cataplasme sinapisé instantané, dans le genre des sinapismes en feuilles, mais applicable dans les cas nombreux où l'on ne recherche pas une révulsion rapide et violente. Le *sinaplasme* agit graduellement et lentement, en ajoutant les propriétés émollientes du cataplasme. Il est d'une conservation assurée.

Les produits constituants de ces préparations sont exposés à côté des médicaments en leur forme d'emploi.

FUMOUZE FRÈRES Paris
PA

MM. Faure et Dussuel préparent aussi l'*Euphorine du docteur Chaboud*, remède contre le symptôme douleur, spécialement dans l'arthritisme, les entérites, névralgies, etc.

Il leur fut décerné une *médaille d'or* à l'Exposition internationale de Saint-Louis, 1904 et un Grand prix en collectivité avec la Société chimique.

M. le Dr Faure est secrétaire-rapporteur du Comité et vice-président du Jury des Classes 53 et 54. — *Hors concours.*

MM. Fumouze et Cie, docteurs en médecine, et pharmaciens spécialistes, à Paris, permanence d'une maison qui, de père en fils, s'est toujours attachée à des préparations de haute valeur thérapeutique.

Fondée en 1804 par l'aïeul Albespeyres, elle se transmit à ses descendants Fumouze-Albespeyres, Fumouze frères ; et M. le Dr Victor Fumouze, de la société actuelle, est l'un des titulaires de la maison depuis 1873.

Tous ont été des notabilités de la pharmacie, ou des membres influents des institutions publiques commerciales.

L'Exposition de MM. Fumouze et Cie comprend le baume de copahu, des copahivates de diverses bases, le Baltal (santal copahivique), avec le gluten préparé dans la maison même, et qui est l'enrobage de capsules contenant ces dérivés du copahu ; les capsules Raquin en sont le type très connu. Ces enveloppes glutineuses introduites dans la thérapeutique par la maison Fumouze ont reçu l'approbation de l'Académie de médecine.

La même maison expose aussi des pilules à double enrobage basé sur une observation physiologique des plus intéressantes : l'enveloppe extrapilulaire glutinisée est insoluble dans l'estomac, l'enrobage intrapilulaire résineux est insoluble dans le suc gastrique, mais se dissout dans les sucs alcalins de l'intestin grêle, de sorte que le principe médicamenteux peut être transporté sans modification dans cette partie du tube digestif, jusqu'alors inaccessible directement par les voies buccale ou rectale. Les excipients résineux accompagnent les pilules préparées, ainsi qu'un mémoire sur l'emploi et les avantages de ce double enrobage.

C'est à la Classe 87 que MM. Fumouze et Cie ont exposé la plus grande partie de leurs préparations pharmaceutiques. On peut y remarquer notamment le *vésicatoire d'Albespeyres*, fabriqué depuis plus de 50 ans par leur maison, très apprécié des pharmaciens, et qui, seul, est adopté, par contrat même, dans les hôpitaux militaires, malgré la résistance habituelle des administrations publiques à faire usage de produits sous marques personnelles.

MM. Fumouze ne comptent plus leurs récompenses dans les concours publics. A l'Exposition Universelle de Paris, MM. Fumouze frères étaient membres des Comités et du Jury. A la suite de cette Exposition, M. Victor Fumouze était fait chevalier de la Légion d'honneur, et son frère, le regretté Armand Fumouze, était promu officier du même ordre.

M. le Dr Victor Fumouze, qui était président de la Section française à l'Exposition de l'Enfance à Saint-Pétersbourg, en 1903, est président du Comité de nos Classes 53 et 54. — *Diplôme de Grand prix.*

M. Guignier, Émile, pharmacien, à Bois-Colombes (Seine), s'est adonné, annonce-t-il, aux produits à la menthe et au menthol, et présente, à côté de ces substances, deux préparations qui leur doivent leur parfum et leurs propriétés : ce sont la *Mentholina*, pâte pour la gorge, et le *Dentimenthol*, savon dentifrice ; l'une et l'autre se recommandant par leur odeur et leur saveur agréables.

C'est le début de M. Guignier dans les Expositions ; il y avait lieu de l'encourager à reconquérir, par des fabrications soignées, les produits d'hygiène et de toilette, qui, de plus en plus, échappent à la pharmacie, au profit d'industries offrant moins de garanties pour la santé publique. — *Diplôme de mention honorable.*

M. Guinet, Louis, pharmacien, à Paris, expose des « Plantes indigènes et exotiques et produits chimiques entrant dans la composition de l'*Elixir* et de la *Confiture de Saint-Vincent-de-Paul* », ainsi que ces deux préparations elles-même, qui, d'après l'auteur, sont des toni-reconstituants, à bases principales de fer et d'hémoglobine.

On doit penser que la forme et la composition de ces médicaments ont été heureuses, puisque ceux-ci donnent lieu à un chiffre d'affaires assez important, d'après ce qu'en rapporte la chronique commerciale.

M. Guinet a obtenu plusieurs médailles dans des Expositions locales; à celle de Paris 1900, il eut une *mention honorable.*

MM. Josset (Louis et Lucien), pharmaciens, à Paris, sont les successeurs de Lagasse, pour la préparation de produits médicamenteux à base de gemme de pin maritime, et dont les préparations exposées sont l'*Hydrogemmine Lagasse*, les *Capsules Lagasse*, le *Rob dépuratif végétal.*

Les capsules contiennent la gemme « vierge » du pin maritime; l'Hydrogemmine est un hydrolat saturé par trois distillations successives.

Les produits Lagasse constituent des préparations pharmaceutiques d'un emploi commode pour les médications balsamiques, et qui jouissent d'une certaine faveur du corps médical et du public. — *Diplôme de médaille d'argent.*

M. Kœhly, pharmacien, à Paris, expose des « Plantes pour produits pharmaceutiques », le *Sirop de Mandel* et le *Purgil*, ce dernier médicament sous forme de petites pastilles roses.

Ces produits montrent des préparations soignées, et sous des formes d'administration agréables. — *Diplôme de médaille de bronze.*

M. Lafont (Edmond), pharmacien à Paris, sous la désignation consacrée de « Plantes médicinales », lesquelles sont, notamment la menthe et l'eucalyptus, expose des *Cigarettes Lafont au globulo-menthol;* c'est un fumigène imitant la forme d'élégantes cigarettes au tabac, mais exempt, naturellement, de nicotine, et proposé aux fumeurs pour éviter l'inhalation de ce toxique.

L'assemblage de ces deux arômes : menthe et eucalyptus, auquel ne se mêlent pas, d'une façon apparente, de vapeurs pyroligneuses, plaît en général, au moins dans les premiers temps de l'usage, et il ne serait que désirable de trouver en ces cigarettes une atténuation du tabagisme sans cesse envahissant.

M. Lafont expose aussi le *Sinapisme des hôpitaux français*, qui est sans particularité à signaler.

L'exposant, jeune pharmacien, n'a pas encore de précédents dans les Expositions. — *Diplôme de mention honorable.*

M. Landrin (Edouard), fabricant de produits pharmaceutiques à Paris, est successeur de Moride et Cie; pharmacien et chimiste distingué, il était récemment président de la « Société de Pharmacie » de Paris.

Son Exposition nous montre une nouvelle espèce végétale mé-

dicamenteuse, l'*Iboga*, de la famille des *Apocynacées*, racine importée du Congo français où elle jouirait chez les naturels d'une grande réputation comme tonique stimulant, et à laquelle ils attribuent aussi des propriétés aphrodisiaques. M. Landrin en a extrait l'*Ibogaïne*, qui est la base de ses *Dragées d'Ibogaïne Nyrdhal*.

Le végétal serait un succédané de la coca et de la kola, et s'emploierait non seulement contre l'atonie morbide, mais comme un excitant général chez les personnes en bonne santé, ayant à produire une grande dépense musculaire, ou plus généralement vitale.

L'*Algarine Nyrdahl*, granulé aux plantes marines, le *Vin de Moride*, également aux plantes marines, l'*Elixir de Virginie*, à base d'hamamelis virginica et de capsicum brasiliense, les *Dragées de Ruizia*, à base de boldo et de créosote, les *Cigarettes américaines Leroy*, ou le fumigateur à cassolettes de même composition dit *Poudre américaine Leroy*, toutes deux anti-asthmatiques sans narcotiques, etc., sont également des spécialités, dont plusieurs exposées, de M. Landrin.

Les végétaux, bases de ces préparations, sont également exposés, ainsi que d'autres intéressants ou nouvellement introduits dans la thérapeutique, tels que le Grindelia robusta, le faux quinquina à aricine, et sont accompagnés d'alcaloïdes et de produits définis tirés de ces végétaux.

L'*Ibogaïne* et l'*Aricine*, les dérivés du quinquina ont fait l'objet de divers mémoires présentés par l'exposant à l'Académie des Sciences et autres corps savants. — *Diplôme d'honneur.*

MM. Ménard frères, droguistes, à Thouars (Deux-Sèvres), ont une importante fabrication de spécialités vétérinaires et agricoles, très répandues en France et à l'étranger.

Ils exposent « suivant la formule », les *Produits végétaux pour spécialités vétérinaires*, et quelques-unes de ces préparations, telles que le *Liquide météorifuge*, l'*Anti-piétin*, la *Poudre béchique*, etc., etc.

Leur production est très importante. — *Diplôme de médaille de bronze.*

M. Nitot (Edouard), pharmacien spécialiste, à Paris, nous montre des *Produits végétaux*, des *Globulariées*, etc., accompagnés d'un mémoire botanique et chimique sur le *Globularia Alypum*, plante d'espèces peu nombreuses pour lesquelles les botanistes modernes ont créé la famille des *Globulariées*. De ce végétal a été extraite la *Globularine* qui, par dédoublement, donne la *Globularetine* ou véritable principe actif de la globulaire. M. Nitot en a fait, sous le nom de *Prasoïde* (synonymie grecque de globulaire), un produit spécial, liquide, renfermant tous les principes de la plante et en possédant toutes les propriétés.

D'après des observations cliniques de plusieurs sources, la globulaire, qui est une plante des régions méridionales de la France, s'est révélée comme un puissant excitateur des fonctions éliminatrices, combattant, par conséquent, l'état pléthorique, et devenant ainsi un spécifique de l'arthritisme.

C'est un ancien médicament assez perdu de vue, maintenant repris, tiré de l'oubli par M. Nitot, et paraissant devoir reprendre une place appréciable dans la thérapeutique.

M. Nitot expose également le *Sirop de Crosnier*, préparation au monosulfure de sodium et goudron, qui fut l'objet d'un rapport favorable de l'Académie de Médecine. Le sulfure alcalin, toujours si altérable, s'y montre intact, même en vidange ; ce que constate le rapport de l'Académie.

Des *Granules Crosnier*, un *Bain Crosnier*, sont des moyens supplémentaires de la médication sulfuro-balsamique sur le même principe que le sirop.

M. Nitot, chevalier de la Légion d'honneur, a obtenu une *médaille d'argent*, à la Classe 54 de l'Exposition universelle de Paris, 1900. — *Diplôme de médaille d'or.*

M. STEINER (Emile), à Vernon (Eure), successeur de F.-E. Roth, qui, en 1846, fonda cette maison à Strasbourg, a la spécialité de produits pour la destruction des rongeurs, rats et souris, nos hôtes si incommodes et nos commensaux malgré nous.

La *Pâte phosphorée* en flacons, et le *Tue-Souris* (blé empoisonné), sont des préparations d'une efficacité consacrée par un usage déjà demi-séculaire ; ils n'offrent aucun danger de confusion chez les personnes qui les emploient et sont d'une parfaite conservation.

M. Steiner occupe environ 15 personnes, hommes ou femmes ; il ne les soumet à aucun risque d'intoxication, car toutes les manipulations de substances nocives se font mécaniquement.

Aux Expositions universelles de Paris, en 1878, 1889, 1900, des *médailles de bronze* furent chaque fois décernées à M. Steiner. A la dernière (1900), cette récompense lui fut attribuée dans les deux Classes 87 et 115. — *Diplôme de médaille d'argent.*

MM. SURUN et Cie, pharmaciens à Paris, exposent des « Produits végétaux divers » qui sont les bases de spécialités pharmaceutiques renommées et dont la plupart ont la consécration d'un usage déjà ancien.

La maison Surun et Cie est la survivance des officines de Jules Lefort, qui fut membre de l'Académie de Médecine en 1862, de Séguin-Lamouroux, de Joret et Homolle, de Géneau-Dalpiaz, Mestivier, à qui, tous, on doit d'heureuses découvertes ou innovations dans la science et l'art pharmaceutiques.

Parmi leurs produits justement appréciés et exposés, nous citerons le *Vin de Seguin*, à base de quina-calissaya, le plus ancien des vins de quinquina titrés et préparés avec un vin de luxe, alors que dans les officines on n'employait guère que de médiocres Bordeaux avec de douteux quinquinas gris.

L'*Apiol* des Docteurs Joret et Homolle était l'introduction en thérapeutique d'un nouvel agent, obtenu en 1849, en isolant le principe actif de l'Apium petroselinum (persil), et dont d'heureuses applications sont journellement faites dans les affections ou troubles fonctionnels des femmes.

Le *Papier Wlinsi*, un révulsif à action mitigée qui serait la Masse de Milan étendue, et dont il n'existe pas d'analogue comme genre d'action dans la pharmacie officinale.

L'*Eau de Léchelle* est un hémostatique qui eut un moment de grande vogue et qui reste toujours un précieux médicament contre les émissions sanguines accidentelles ou morbides.

A côté de ces préparations universellement connues, MM. Surun ont diverses autres spécialités d'un usage moins répandu, quoique cependant estimées.

Mais il faut une mention spéciale de leurs produits vétérinaires dont le *Liniment Géneau* est l'un des plus importants comme consommation. L'*Onguent vésicant Dalpiaz* est un vésicatoire des plus sûrs à l'usage de l'hippiatrique.

Divers autres médicaments vétérinaires sont également spécialisés par MM. Surun et Cie, qui participèrent au Grand prix décerné en 1900 à la collectivité vétérinaire.

M. Surun père, ancien interne des hôpitaux et ancien membre du Tribunal de Commerce de la Seine, dirige la maison depuis 1862. — *Diplôme de médaille d'or.*

M. Tricard, à Levallois-Perret, a envoyé des « Produits végétaux pour *Élixir vétérinaire* ».

A l'élixir dont il s'agit, destiné à combattre les coliques du cheval, l'exposant ajoute le *Feu Tricard*, un révulsif vétérinaire, un *Baume antiseptique* contre les crevasses et gerçures des animaux, un *Cicatrisant* applicable aux plaies, dénudations, etc. — *Diplôme de médaille de bronze.*

M. Trouette, à Paris, chef de la maison connue sous le nom de Trouette-Perret, expose des « Plantes médicinales diverses » où nous remarquons le *Carica Papaya* sous forme de fruit vert, de feuilles et de son suc, ainsi que la *Papaïne* qui en est extraite.

La papaïne facilite la digestion en dissolvant les principes albuminoïdes, la fibrine, sans être comme les pepsines un ferment digestif. Au début de son apparition, on mettait en doute la réalité du Carica ; cette opinion depuis longtemps abandonnée tient encore moins devant les produits exposés par M. Trouette. A côté sont les préparations qui en dérivent : *Cachets*, *Elixir*, *Vin*, *Sirop de Papaïne.*

Cette Exposition nous montre aussi le *Guaco*, en feuilles détachées et écorces, dont deux espèces sont en usage, le *Mikania Guaco* ou *Eupatorium saturæfolium*, ou encore *E. Vincæfolium*, et l'*Aristolochia Cymbifera*. Le premier est plus estimé ; M. Bocquillon en a extrait un glucoside, la « Mikanine ». L'action de la plante paraît être de paralyser les centres nerveux sensitifs, et ses effets se révèlent notamment en combattant efficacement tous les prurigos.

Dans l'Amérique du Sud, leur habitat d'origine, les guacos passent, par suite d'une tradition fort ancienne, comme des spécifiques héroïques contre les morsures des serpents, contre l'arthritisme et même contre la rage, le choléra, la syphilis.

L'*Anacardium occidentale*, figurant dans la même vitrine, est, comme l'on sait, le végétal dont le tronc fournit le bois d'acajou.

D'autres produits intéressants de cette Exposition sont l'*Archésine du son*, l'*Archésine de l'avoine;* ces termes, assez peu usités, nous paraissent inspirés de l'« Archée » de Paracelse, désignant l'esprit vital qui préside à la nutrition et à la conservation des êtres vivants, et les « archésines » seraient donc les principes vitaux des végétaux, comme au même point de vue, les lécithines seraient ceux des produits animaux.

Le *Viburnum Prunifolium* dont l'écorce est la partie usitée et exposée, croît aux Etats-Unis, où on lui attribue d'heureuses propriétés contre la dysménorrhée, et pour prévenir les avortements ; il serait aussi astringent et diurétique.

Mentionnons encore, de la même Exposition, le *Faham*, plante à odeur prononcée de coumarine, et dont les naturels de Madagascar et d'autres îles de l'archipel Noir font usage sous forme de thé, d'ailleurs très parfumé. En France, nous l'avons vu employer pour rehausser le bouquet des eaux-de-vie de Cognac.

Toutes ces plantes sont des bases des spécialités de M. Trouette. A ces dernières, il faut ajouter les *Gouttes Livoniennes*, qui sont des capsules dans lesquelles des balsamiques : tolu et goudron, viennent tempérer, dans l'usage interne, la causticité de la créosote ; elle est ainsi facilement supportée par l'estomac.

Plusieurs autres préparations bien conçues sont aussi des spécialités de la même maison. — *Diplôme d'honneur.*

M. Ulliac, à Fontvielle (Bouches-du-Rhône), recommande principalement un « nouveau produit à base de proto-iodure et phosphate double de fer et de quinine » sous forme de *Sirop* dit *Toni-ferrugineux inaltérable*, et proposé contre les anémies de toutes origines.

Dans la même vitrine figuraient un *Sirop-gouttes* aux mêmes bases en solution concentrée, des *Pastilles*, *Dragées*, un *Baume Ulliac* contre les brûlures, etc.

Ce sont des produits pharmaceutiques accompagnés de leurs matières premières et que le Jury a estimés dignes d'attention. — *Diplôme de médaille de bronze.*

Après cette revue des produits exposés ayant des destinations thérapeutiques et dont le nombre s'étend sans cesse, en offrant de nouvelles armes à l'art médical, et dont la propagation est surtout due aux pharmaciens spécialistes, nous allons envisager les quelques produits alimentaires figurant dans la Classe 54, mais qui, on le conçoit, y sont peu nombreux par suite même du caractère de cette Classe. Les produits de culture, leur transformation et leur outillage étant du domaine du dixième Groupe.

M. Lehucher, à Paris, montre une belle série de légumes conservés, et façonnés sous formes élégantes.

On sait l'importance qu'a prise dans l'alimentation la conservation des comestibles, grâce à la septicémie dont on connaît maintenant les lois exactes qui permettent d'aseptiser sans opérations forcées, et de conserver ainsi aux aliments toute leur saveur et souvent leurs teintes naturelles.

La maison Lehucher est de premier ordre dans ce genre ; elle a exposé des produits de choix, de luxe même, réellement remarquables.

Les articles principaux sont, notamment, les *champignons*, puis les *asperges*, *fonds d'artichauts*, *truffes*, *fruits*, *viandes*, *poissons*, *fromages*, etc., dont l'exportation consomme la plus grande partie.

M. Lehucher était membre des Comités d'admission et d'installation à l'Exposition universelle de 1900, comme à celles de Glasgow, de Saint-Louis et de Liège.

Nous lui devons d'intéressants renseignements que nous utiliserons plus loin, sur la récolte et le commerce des truffes et des champignons. — *Diplôme d'honneur.*

MM. Mayrargue (Benoit) fils et Cie, à Nice (Alpes-Maritimes), exposent l'un des principaux produits de notre Midi méditerranéen, *l'huile d'olives*, et une préparation bien spéciale à leur centre industriel : *l'eau de fleur d'oranger.*

L'huile d'olives est une matière commerciale très complexe par le fait de ses nombreuses origines et des sortes distinctes que l'on obtient d'une même récolte, depuis les huiles à fabrique, depuis les lies même, jusqu'aux huiles de table, de genres variables encore, en passant par les lampantes.

Dans certains pays producteurs : en Corse, en Algérie, en Sicile, leur fabrication est entourée de peu de soins ; notre Provence, au contraire, soigne particulièrement cette production et en obtient des produits qui se sont classés dans le premier rang parmi ceux de consommation de bouche.

L'eau de fleurs d'oranger est un produit d'une consommation universelle quoique par petites quantités ; il n'est guère de maison où l'on n'en fasse pas usage.

Celle qui circulait dans le commerce, il y a peu de temps encore, logée en petits flacons enrobés de papier, dits sacoches, était le plus souvent de médiocre qualité, et était obtenue par distillation des feuilles et non des fleurs : des feuilles de bigaradier principalement, qui sont les plus aromatiques parmi celles des hespéridées.

A ces marchandises, anonymes généralement, quelques producteurs de Nice et de Grasse ont opposé des produits plus satisfaisants contenus encore en sacoches, mais revêtus de leurs noms et de leurs marques, et où l'emploi de la fleur n'était plus une illusion. Puis, pour trancher sur les anciens conditionnements dépréciés dans l'opinion assez justifiée des consommateurs, on livre maintenant dans le menu détail l'eau de fleur d'oranger en petits flacons de fantaisie, garnis de marchandise convenable. Ces flacons sont ordinairement en verre bleu pour ne pas laisser apercevoir le trouble qui se produit presque toujours dans ces hydrolats, sous forme d'un précipité jaunâtre restant en suspension. C'est dans le même but que les sacoches sont habillées d'un papier collé sur le verre.

Il est évident qu'autrefois comme aujourd'hui les fabricants de Grasse, de Nice et d'autres lieux produisaient aussi des hydrolats de fleur d'oranger supérieurs, dits doubles, triples, etc., et dérivés de la fleur vraie.

MM. Mayrargue sont de ceux qui ont rompu avec les fâcheuses traditions, et alimentent le commerce d'huile d'olives et d'eau de fleur d'oranger de bonnes qualités et aussi de supérieures. — *Diplôme de Grand prix.*

MM. Stern et Cie, à Orbec (Calvados), beurre de cacao.

Les exposants ont aussi des *beurres de lait* frais pour la consommation intérieure, et stérilisés pour l'exportation. Ils ont, pour la stérilisation, des procédés à eux assurant la pureté et la qualité des beurres ainsi que leur conservation indéfinie.

Le *beurre de cacao* est exposé sous différentes formes : tablettes, boîtes, etc.

Ces produits ont été jugés très satisfaisants, et leur renommée commerciale est maintenant bien établie. — *Diplôme de médaille d'argent.*

Parmi les matières à usages industriels figurant dans la Classe 54, le *caoutchouc*, avec ses similaires, *gutta-percha* et *balata*, tient assurément le premier rang par les emplois nombreux auxquels il se prête, et par l'importance considérable de son commerce.

Nous aurons une notice spéciale sur ces matières, aussi pourrons-nous ici nous borner à une nomenclature de leurs exposants.

M. Faucher (Félix), marché du caoutchouc de Bordeaux : *caoutchouc brut*, auquel l'exposant joignait de l'*indigo* et des étoffes teintes par ce colorant.

L. FRANÇOIS, A. GRELLOU & Cie

M. Faucher avait réuni une belle collection de caoutchouc brut des colonies françaises, et démontrait, dans une brochure à laquelle nous ferons plusieurs emprunts, les méthodes de courtage et de triage de ces marchandises. Il est le promoteur de la création d'un marché de caoutchouc brut de nos colonies sur la place de Bordeaux. — *Diplôme de médaille d'or.*

MM. L. François et A. Grellou, à Paris : *caoutchouc*, *gutta-percha*, bruts et manufacturés.

L'importance de cette maison est d'une notoriété commerciale de premier ordre, en articles de caoutchouc manufacturé.

Sa fabrication comprend à peu près tout ce que comporte l'application du caoutchouc et de la gutta-percha : organes mécaniques, tuyaux, courroies, pneumatiques à vélocipèdes et automobiles, fils et câbles électriques, étoffes imperméables, articles pour la chirurgie, etc.

Elle était hors concours à l'Exposition de 1900, M. Grellou étant membre du Jury, comme il l'est encore à l'actuelle Exposition de Liège. — *Hors concours.*

M. Levy-Médard (Camille), à Paris, expose du *caoutchouc brut et régénéré.*

C'est une maison relativement jeune — 12 ans d'existence — et qui a rapidement pris une place importante dans le commerce du caoutchouc, notamment dans la sorte dite « régénérée », c'est-à-dire constituée par des déchets que l'on agglomère en masses, par compression à chaud, et qui, pour certains usages industriels où l'élasticité par traction n'est pas exigée, rend les mêmes services que le caoutchouc brut naturel.

Cette industrie comporte un grand commerce en achats de déchets de caoutchouc.

A l'Exposition de 1900, le succès de l'entreprise de M. Levy-Médard avait déjà été consacré par l'attribution d'une médaille de bronze. — *Diplôme de médaille d'or.*

MM. Les fils de A. Morellet, à Paris, sont les continuateurs de leur père, qui fonda leur maison en 1840, laquelle a toujours tenu une place distinguée dans l'importation et le négoce des *caoutchoucs*, *gutta-percha* et *balata bruts.*

Les produits sont exposés suivant une classification scientifique,

E. ROBERT PARIS
LE SAUVEUR

et cette méthode est dans les traditions de la maison ; elle exerce, en effet, son commerce en l'appuyant sur les sciences naturelles qui en éclairent l'origine.

C'est ainsi que l'un des MM. Morellet publia, en 1884, un exposé scientifique sur la nature botanique et sur les provenances des caoutchoucs du commerce, et cette publication documenta souvent les traités sur les mêmes matières parus dès ce moment.

MM. Morellet prenaient part pour la première fois aux Expositions à celle de 1900, où, dès ce début, ils obtinrent un Grand prix. — *Diplôme de Grand prix.*

M. Robert, à Paris, sous le titre *caoutchouc brut et manufacturé* appelle surtout l'attention sur une application toute spéciale de cette matière à l'industrie particulière dans laquelle il a pris un rang proéminent : celle des biberons.

Le caoutchouc est ici utilisé à la fabrication d'un *biberon-stérilisateur.* L'instrument consiste en un carafon muni de sa tétine en caoutchouc, comme d'usage, mais dont le col à vis permet d'y assujettir solidement une capsule en verre, laquelle vient presser par le serrage sur une rondelle en caoutchouc formant joint, et détermine ainsi l'obturation complète du carafon.

Ainsi disposé, le biberon peut être entièrement immergé dans de l'eau bouillante, et le lait qu'il contient, être stérilisé sous une certaine pression.

L'idée est ingénieuse et recommandable. — *Diplôme de médaille d'or.*

Société des lièges agglomérés Denniel et Cie : *Applications diverses du liège.*

Nous voyons ici des utilisations variées des déchets de liège provenant notamment de la bouchonnerie, et cela représente une industrie relativement nouvelle, mais ayant pris rapidement une importante extension, notamment dans la construction ou le bâtiment.

Ces débris, moulus et classés en fragments de différents calibres qui ont, suivant ce classement, diverses destinations, sont ensuite agglomérés dans du plâtre ou autres colles ou mortiers, et donnent des matériaux légers, peu conducteurs du son et du calorique, très peu combustibles grâce à l'enduit qui les relie, et aptes, par conséquent, à de nombreux emplois.

Ce sont d'abord des briques pour constructions de murs intérieurs, étouffant malgré leur faible épaisseur la perception des conversations dans les pièces qu'elles séparent, et limitant la déperdition de la chaleur dans les appartements chauffés.

Du carrelage en même matière, du plafonnage sous charpente de bois ou de fer par les mêmes moyens, sont représentés par des maquettes dans l'Exposition de la Société des lièges agglomérés.

Le liège sert aussi aux revêtements calorifuges sur tuyauterie, cylindres, réservoirs, etc. ; on peut employer dans ces circonstances un enduit d'amiante et de liège.

Aggloméré au brai, le liège s'applique aux conduites d'eau, aux réservoirs, aux citernes et à toutes constructions destinées à la circulation ou à l'emmagasinement des eaux.

L'Exposition de MM. Denniel et Cie, agréablement présentée, montre des maquettes de ces différents emplois, à côté du liège à l'état naturel, en planches, déchets, etc.

La Société des lièges agglomérés est la continuation des anciens établissements Th. Garnot, fondés en 1882, et à qui, en 1886, fut décernée une médaille d'or de la Société industrielle de Rouen pour « introduction en France d'une nouvelle industrie ». La Société obtint à l'Exposition de 1900 une médaille d'or dans la Classe 28, et une médaille de bronze dans la Classe 19. — *Diplôme d'honneur*.

M. Parral, à Paris, a une Exposition très variée de *rotins*, *gommes et résines*, *coquillages*, *caoutchouc*, *soie de porc*.

L'article qui domine est le rotin, marchandise ne paraissant intéresser que les industriels qui l'emploient, et dont cependant les transactions sont considérables.

Les *joncs* rentrent dans cette catégorie de produits sur laquelle nous aurons à revenir.

Dans la même Exposition, nous remarquons : les *Gommes Copal*, *Damar* et *Benjoin*, des *Cornes de buffle et de cerf*, des *Coquillages* des mers Rouge et de la Sonde, du Japon et d'Amérique ; du *Tampico* (fibres végétales) d'Afrique ; de la *Gutta-percha*, etc.

Plus trois plantes de rotin importées de la presqu'île de Malacca, spécialement à l'intention de l'Exposition.

C'est donc un ensemble de matières premières se rapportant particulièrement à ce que l'on appelle « l'article de Paris », et d'autant plus intéressant qu'on n'a pas souvent l'occasion de l'observer. — *Diplôme de médaille d'or*.

SECTIONS BELGE ET ÉTRANGÈRES

Les différents pays ayant pris part à l'Exposition dans les Classes 53 et 54 s'étaient proposé, quelques-uns au moins, de publier des rapports sur les produits de leurs nationaux.

Nous n'avons donc fait, chez elles, qu'une revue de comparaison, sans y puiser les éléments d'une étude ultérieure.

Il faut dire, du reste, que la Classe 53, assez pauvre d'exposants dans la Section française, était, au contraire, dans les nations étrangères, beaucoup mieux représentée, et alors que chez ces dernières la Classe 54 était à peu près délaissée.

Les exposants étrangers n'ont sans doute pas compris le caractère de cette Classe 54 et ont adressé leurs produits qui auraient pu y figurer dans d'autres divisions de l'Exposition.

En ce qui concerne la Classe 53, plus abondamment pourvue, on n'y remarque à peu près exclusivement que des engins et instruments de pêche, ce qui représente, d'ailleurs, une industrie considérable, et une source importante de commerce et d'alimentation pour les pays côtiers et pour ceux qui entreprennent les grandes pêches.

La pêche en rivière est d'un intérêt à considérer aussi, non pour le commerce de ses captures, mais pour celui de l'industrie très perfectionnée à laquelle elle a donné lieu pour l'établissement de son outillage et matériel.

Une notice d'ensemble résumera ces diverses industries.

Dans les Sections étrangères de la Classe 54, nous mentionnerons pour la place qu'ils y tiennent :

En **Russie**, les produits de l'esturgeon : le *caviar*, provenant comme on sait des œufs de ce poisson et constituant un aliment fort apprécié des peuples slaves mais un peu moins prisé dans nos régions ; puis l'*ichtyocolle* ou *colle de poisson*, produite par la dessication de la vessie natatoire du grand esturgeon. L'histoire naturelle et chimique de ce produit n'est plus à faire.

Le **Japon** nous montre plusieurs spécimens désignés : *Funori* (colle tirée d'herbe marine) ; c'est le mucilage, desséché ou non, de l'*Agar-agar* ou *Isenglass*, qui est une algue marine, dit-on, et que nous désignons en France sous le nom de *colle du Japon*.

Ce végétal, que d'autres prétendent être seulement la partie médullaire de la plante d'origine dont l'espèce botanique est encore mal définie, est en filaments plats, transparents, nous arrivant en bottes carrées bien régulièrement conditionnées ; il se dissout presque entièrement par ébullition dans l'eau, surtout si l'on opère sous une faible pression.

Il en résulte un mucilage corsé, employé à l'apprêt des soieries et aussi à la confection de confitures factices, en y ajoutant un colorant et un arome, également artificiels.

RÉCOMPENSES
ATTRIBUÉES AUX EXPOSANTS DES CLASSES 53 ET 54

A défaut d'une revue détaillée des Sections belge et étrangères, nous publions la nomenclature générale des récompenses dans les Classes 53 et 54, ce qui sera en même temps la liste des exposants primés, de toutes origines.

La graduation adoptée des titres de récompenses était la suivante, en dehors des *Hors concours comme membres du Jury* :

Diplômes de Grand prix.
— *d'honneur.*
— *de médaille d'or.*
— *de médaille d'argent.*
— *de médaille de bronze.*
— *de mention honorable.*

CLASSE 53

Hors concours en qualité de Juré.

FIANT, à Paris — France.

Diplômes de Grand prix.

Goffinet (le baron A.), à Bruxelles.	Belgique
Hofer (Dr), Bruno.	Allemagne
Les fils d'Emile Deyrolle, à Paris.	France
Ministère de l'agriculture (Inspection générale de l'enseignement de la pisciculture.)	France
S. Allcock and Co Ltd., à Redditch.	Angleterre
Yokohama Gioyu Kabushiri Kwaisha, Société de fabrication d'huile de poisson, à Yokohama.	Japon

Diplômes d'honneur.

Borten (Tob. U.), à Trondhjem.	Norvège
Bynens-Vaesen, à Zonhoven.	Belgique
De Deken de Smedt, à Bruxelles.	Belgique
Société liégeoise des pêcheurs a la ligne, à Liège.	Belgique

Diplômes de médaille d'or.

Binshi-Seizo-Domei, à Kyoto.	Japon
De Potesta de Waleffes (le baron), à Fouron-Saint-Pierre.	Belgique
Ditrichsen, Moy et Cie, à Christiania.	Norvège
Nakamura Rikichi, à Tokio.	Japon
Neumann et Ellingsen, à Christiania.	Norvège

Sigismondi (Ange), à Turin.	Italie
Titoff (Nicolas) et frères, à Moscou.	Russie
Yamanouchi Giusuké, à Tokio.	Japon

Diplômes de médaille d'argent.

Bellefroy-Bynens, à Zanhoven.	Belgique
Dolpierre (N.) et Cie, à Boulogne-sur-Mer.	France
Desbarex, à Bruxelles.	Belgique
Entreprise pour le commerce et le transport du poisson « Hydrobion », à Brixen (Tyrol).	Autriche
Furuyama Chushichi, à Osaka.	Japon
Guillaume Limited.	Angleterre
Narumiya Sukejiro, à Osaka.	Japon
Pecheries a vapeur (société anonyme), à Ostende.	Belgique
Weber, à Haynau.	Allemagne

Diplômes de médaille de bronze.

Aktieselskabet (L.-A.), Tangevald et Cie, à Christiania.	Norvège
Ranovitz (Ch.), à Paris.	France

Diplômes de mention honorable.

Pycke de Puteghem (baron), à Puteghem.	Belgique
Der Norske Fiskeguanoselskab, à Loresen Svolvâr.	Norvège
Haug, Haakon, à Christiania	Norvège
Leclerc, François, à Liège.	Belgique
Rastorgouieff (P.-S), à Moscou.	Russie
Todor (A), Kessimoff, à Tirnovo.	Bulgarie

CLASSE 54

Hors concours en qualité de Juré.

FAURE (Jean), maison Dussuel et Faure, à Paris	France

Hors concours en qualité d'experts.

DEGLOS (G.), à Paris.	France
Maison FRANÇOIS, GRELLOU et Cie, à Paris.	France

Diplômes de Grand prix.

BÉLIÈRE, DUFFOURC et NOEL, à Paris.	France
FUMOUZE et Cie, à Paris.	France
MAYRARGUE, BENOIT, fils et Cie, à Nice.	France
MORELLET (Les fils de A.), à Paris.	France
PHARMACIE CENTRALE DE FRANCE, à Paris.	France

Diplômes d'honneur.

FAMELART (Auguste), à Paris.	France
LANDRIN (Edouard), à Paris.	France

LEHUCHER (A. et L.), à Paris. France
SOCIÉTÉ DES LIÈGES AGGLOMÉRÉS, DENNIEL et Cie, à Paris France
TROUETTE (Edouard), à Paris. France

Diplômes de médaille d'or.

BERTAUT-BLANCART frères, à Paris. France
BOCQUILLON-LIMOUSIN (Henry), à Paris. France
FAUCHER (Félix), à Bordeaux. France
LÉVY-MÉDARD (Camille), à Paris. France
NITOT (Edouard), à Paris. France
PORRAL (Amédée-Jean), à Paris. France
ROBERT (E.), à Paris. France
SURUN et Cie, à Paris. France

Diplômes de médaille d'argent.

ASSOCIATION POUR CULTURES SPÉCIALES DE TOTÔMI, à Hamamatsu. Japon
CHESNEAU (Georges), à Bruxelles. Belgique
DUHOURCAU (D^r^), à Paris. France
FAMEL, à Paris. France
JOSSET (Louis et Lucien), à Paris. France
NOZAWA, GUMI, à Kobé. Japon
ROBERT et GROSSMAN, à Alger. Algérie
SOCIÉTÉ STERN et Cie, à Orbec (Calvados). France
STEINER (Emile), à Vernon (Eure). France

Diplômes de médaille de bronze.

BORGEAUD (Jules), à Alger.	Algérie
BOUFFET (Georges), à Verberie (Oise).	France
DELOUCHE (Jules), à Paris.	France
DÉPENSIER, à Rouen.	France
KOEHLY (J.), à Paris.	France
MÉNARD frères, à Thouars (Deux-Sèvres).	France
TRICARD (A.), à Levallois-Perret (Seine).	France
ULLIAC (Jules) à Fontvieille (Bouches-du-Rhône).	France

Diplômes de mention honorable.

BARBIER (P.) et Cie, à Paris.	France
COMMISSION DU DISTRICT DE BARAHONA.	République dominicaine
GIRARD, à Paris	France
GUIGNIER (Emile), à Bois-Colombes (Seine).	France
HADJI, AKBAR et Cie, à Ispahan.	Perse
LAFONT (Edmond), à Paris.	France
MIRALLES, MANUEL et Cie, à Oran.	Algérie

Il y a peut-être lieu de faire observer que si la presque totalité des exposants ont reçu des récompenses, c'est que le Jury des admissions avait déjà opéré une sélection, et n'a admis à participer à l'Exposition que ceux se recommandant, soit par la notoriété de leurs maisons, soit par quelques mérites reconnus dans les produits qu'ils présentaient.

Le Jury des récompenses avait principalement à établir leur valeur relative. Toutefois il y eut des exposants non primés

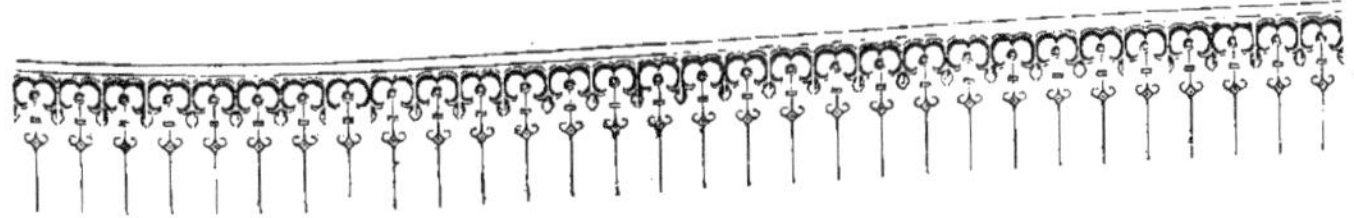

Notices Spéciales

Après avoir signalé les particularités, quand il s'en présentait, des produits exposés, nous devons revenir et nous arrêter davantage sur quelques-uns dont l'importance commerciale mérite une étude plus attentive au point de vue économique et scientifique.

L'Exposition nous en offre le thème, mais nous n'aurons pas à nous confiner exclusivement dans les contingences qui en découlent et nous pouvons élargir le cadre de ces études.

AQUICULTURE. — ENGINS DE PÊCHE

De même que le terme agriculture (d'*ager*, champ, et *cultura*, soin), est l'art de cultiver la terre, le mot « Aquiculture » (de *aquæ*, eaux, etc.) est celui de fertiliser les eaux et de leur faire produire, aussi abondamment que possible, les espèces animales utiles à l'homme.

Il est plus large, en son acception, que le mot pisciculture, lequel semble ne s'appliquer qu'à une action directe sur la gent piscicole. Et, en effet, il ne s'agit pas seulement de surveiller la génération et le développement individuel du poisson et des crustacés aquatiques, mais il importe, en premier lieu, de se préoccuper de l'élément dans lequel ils vivent, d'établir les conditions les plus favorables, non seulement encore de leur milieu même de reproduction, mais aussi des influences extérieures, telles que la température, à laquelle on ne peut pas grand'chose à la vérité, mais dont la science aquicole doit connaître les lois et les effets sur les habitants des eaux ; telles que les végétations riveraines, sans parler de celles des fonds ; telles que les destructions par les animaux pêcheurs terrestres et aériens et par le braconnage ; telles enfin que les contaminations par résidus industriels, etc.

A cette étude de l'habitat doit se joindre nécessairement celle propre de l'habitant : ses mœurs, son mode de reproduction, ses migrations, ses gîtes préférés, sa destruction mutuelle par les espèces carnassières, etc., et cela constitue la pisciculture proprement dite. C'est à cette partie spécialement que se rapportent les travaux de Jacobi, de Coste, de Coumes et autres, en partant des observations du comte de Girolstein, qui vers 1758, avait découvert le moyen de féconder artificiellement les œufs de poissons.

Donc le terme plus général d'Aquiculture comprend l'étude de tous ces sujets ; c'est une science longtemps négligée en France, mais dont notre Ministère de l'Agriculture s'est préoccupé d'une façon effective ; il créait, notamment vers l'année 1900, une « Inspection générale de l'enseigement de la Pisciculture ».

Le titre officiel est bien « Pisciculture » mais nous savons qu'il est compris dans le sens plus étendu d'Aquiculture. Seulement, il y a au Ministère de l'Agriculture une « Direction générale des Eaux et Forêts », comprenant un « service des améliorations pastorales, de la pêche et de la pisciculture » ; il y a une « Direction de l'Hydraulique et des Améliorations agricoles », dont le 1er Bureau connaît de la « Police des eaux » au point de vue de leur utilisation matérielle en tant qu'agents d'irrigation et de force motrice ; il y a enfin une « Inspection de l'Hydraulique agricole » se rapportant à cette même police.

Il ne fallait donc pas que par son titre, la nouvelle Inspection semblât empiéter sur ces divers services. Ces derniers ont eu sans doute quelque action contre le dépeuplement de nos cours et nappes d'eau, mais nous ne voyons pas qu'ils en aient eu de bien effective sur le repeuplement.

Nous augurons mieux dans ce sens, de la nouvelle Inspection de l'enseignement piscicole, et le terme inspection ne signifie pas seulement surveillance, mais aussi et surtout organisation. Nous savons que cet enseignement a été instauré dans les écoles supérieures et dans les écoles pratiques d'agriculture ; il y manque peut-être une institution centrale, préparatoire des professeurs de ces écoles secondaires, où avec l'étude scientifique et méthodique du sujet, on créerait l'unité et la conformité de l'enseignement partout où il devrait être professé.

Nous employons à dessein ce terme « Institution » et de préférence à celui d'école, parce qu'il nous semble difficile d'y astreindre à l'assiduité des professeurs déjà occupés ailleurs, mais cela pourrait être un centre d'études et d'expérimentations, publiant la substance méthodiquement exposée d'un cours d'aquiculture, auquel auraient à se conformer les professeurs chargés administrativement de ce genre d'enseignement.

De ces déductions, il pourrait résulter des règles dont aurait à s'inspirer le service d'application pratique.

Il déterminerait aussi les conditions et les procédés de captation du poisson, les meilleurs au point de vue de la conservation des espèces tout en les laissant suffisamment productifs.

Ceci nous amène à parler des pêches, mais au point de vue principal de nos observations sur le matériel exposé.

PÊCHES MARITIMES

Les océans constituent un si vaste élément que l'industrie humaine ne peut songer à en modifier la constitution, non plus qu'à en développer la fertilité ; c'est d'ailleurs un domaine généreux habité par une immense population, et qui semble un fonds inépuisable d'alimentation pour l'homme, et aussi, soit dit pour mémoire, auquel puisent de nombreux amphibies et les oiseaux pêcheurs.

Il n'y a pas d'aquiculture à propos des mers, mais les pêches maritimes sont soumises à quelques conventions internationales ou locales, en vue d'éviter la disparition de certaines espèces, et plus encore, pour établir les droits de chaque nation.

Nous n'avons pas à nous étendre sur la distinction des « grandes pêches » et des « pêches côtières » ; on sait que les premières sont des entreprises d'armateurs frêtant des bâtiments pour expéditions lointaines, mais ne subsistant guère au départ de France, que pour la pêche à la morue sur le banc de Terre-Neuve ; Dunkerque en est le principal port d'armement.

Les cétacés se raréfient de plus en plus, et, des mers du Sud leur séjour autrefois préféré, semblent se réfugier dans les mers polaires, où l'on rencontre encore la baleine « franche », aux fanons abondants et de première taille commerciale. Nos régions maritimes sont parfois fréquentées par une autre espèce plus petite, de moindre produit par conséquent, et dont les fanons courts et tordus, ne sont que de médiocre valeur commerciale ; on les désignait « Baleine des Basques », par suite de leur capture en plus grand nombre relatif, dans le golfe de Gascogne.

Les pêcheries françaises semblent avoir délaissé la pêche à la baleine.

D'autres grandes pêches sont celles du thon et, en général du poisson de conserves, auquel il faut ajouter les animaux fournissant des matières industrielles tels que les phoques et les squales.

A l'aide de moyens frigorifiques ou septicémiques et par des demi-salages, ces pêches importent du poisson frais, par exemple le saumon, les truites venant du Canada et de l'Amérique du Nord. Des homards et langoustes vivants nous sont apportés de Terre-Neuve et autres lieux par des navires constitués en viviers.

Il faut bien reconnaître, toutefois, que sauf ces crustacés vivants, le poisson, non pas conservé, mais *préservé* par des moyens artificiels, n'a pas la délicatesse de saveur de celui consommé aussitôt pêché.

La pêche côtière ou « petite pêche » se pratique par des pêcheurs que l'on pourrait appeler de cabotage. Elle occupe presque tout le personnel du littoral ; elle peut se pratiquer avec des embarcations légères, mais n'enrichit pas, en résumé, les hommes qui s'y adonnent ; elle est plus fructueuse pour les intermédiaires qui en font le commerce.

C'est d'elle que provient tout le poisson frais alimentant nos marchés ainsi que nos fabricants de conserves, dont Nantes est la place principale.

Elle profite surtout du passage de bancs, comme de harengs et de sardines ; cependant ces migrations en masses n'ont pas de périodes régulières ; elles manquent quelquefois pendant une et même deux ou trois années; et cela apporte de profondes perturbations dans les industries qui escomptent leur passage.

C'est ainsi que nous sommes encore en pleine crise sardinière, et cette situation réduit à l'inaction toute une population de pêcheurs et d'ouvriers industriels.

Le sprat que l'on substitue à la sardine (avec une étiquette équivoque) est très inférieur comme saveur et comme taille, et ne convient que pour être traité en anchois, avec force épices : hors-d'œuvre de table, du reste, médiocre aussi. Depuis quelques années, on prépare par les procédés de la sardine des maquereaux à l'huile ; c'est une heureuse utilisation des petites tailles de ce poisson, et le produit obtenu est pour le moins aussi délicat que la sardine ; pour certains gourmets il lui est supérieur.

La pêche maritime « à pied » est celle qui s'exerce le long du littoral, de plein-pied surle rivage, où elle dispose ses engins destinés à prendre le poisson ou à retenir celui que la marée y amène.

Qu'il s'agisse de grandes ou de petites pêches maritimes, ce sont, dans les deux cas, des industries ou des entreprises qui n'ont pas en France l'extension que devait leur assurer l'étendue de nos côtes et leur assise sur l'Océan et sur deux ou trois grandes mers ouvrant des chemins directs sur tous les mondes et sur toutes les eaux.

Malgré les qualités incontestablement remarquables de notre population maritime, malgré la protection de l'État, les pêches en France ne semblent satisfaire qu'aux besoins de la consommation intérieure, et encore celle-ci pourrait-elle être considérablement développée au grand profit de l'économie domestique et de la richesse publique.

L'État fait concourir les bâtiments de pêche aux primes d'encouragement de la marine marchande, et il est des primes spéciales, à l'aller et au retour, pour les navires se livrant à la pêche de la baleine et de la morue. Un ensemble de dispositions bienveillantes assure autant qu'il se peut la bonne marche de ces expéditions et le bien-être de leur personnel.

Malgré cela, disons-nous, les pêcheries de France sont loin d'équivaloir, en proportions relatives, celles de l'Angleterre, de la Norvège, des Etats-Unis, du Canada, etc.

Néanmoins, on estime qu'environ 10.000 navires et embarcations et 75.000 marins et pêcheurs sont affectés aux pêches maritimes de France.

Les engins des petites et grandes pêches sont de deux ordres très distincts : ceux basés sur l'hameçon dont le harpon est une forme, et ceux constitués de filets aux modèles les plus variés. Il y en aurait encore, cependant, une troisième espèce : l'arme à feu, à laquelle nous rapprocherons l'arbalète à flèches.

Malgré que le filet, en ses nombreuses formes, soit le plus usité dans les pêches maritimes, l'hameçon y est aussi en grand usage. Des « palancres » pour la pêche à la morue sont armées de 10.000 hameçons et plus ; ce sont des cordes dont le développement est de 6 à 10 kilomètres. On emploie aussi à cette pêche des lignes de fond, des lignes à main portant une série d'hameçons.

Sur les côtes de Belgique, le hareng se pêche avec des hameçons à double dard.

Mais le filet, disons-nous, est le genre d'engins le plus fréquemment employé pour la morue même, malgré l'usage de l'hameçon, et plus encore pour le hareng ; l'un des modèles pour cette dernière pêche est un filet de barrage dont chaque maille permet l'introduction de la partie antérieure d'un poisson, mais non son passage libre, de sorte que le hareng, lorsqu'il est ainsi engagé, ne peut reculer, car ses nageoires et ses ouïes viennent l'arc-bouter contre les fils du réseau.

Le hareng, voyageant en bancs, suit imperturbablement son chemin, rien ne l'en détourne, aussi en voulant forcer l'obstacle, vient-il s'y empêtrer, et le filet, toujours de très grandes dimensions, est relevé portant presque dans chaque maille un poisson.

Ces filets de barrage servent aussi à la pêche d'autres poissons : maquereaux, aloses, et aussi de plus grosses espèces, telles que saumon, thon, etc., mais par enveloppement et non plus par immobilisation entre les mailles.

Le thon se prend également avec le filet-labyrinthe, dont le plan serait comme la coupe perpendiculaire à ses spires, d'un test d'escargot. Le poisson pénétrant par la large entrée, est amené à en suivre toutes les circonvolutions jusqu'à un espace réservé au centre, d'où il ne peut s'échapper, par suite d'un dispositif comparable à celui de la nasse ; c'est la « chambre de mort » où, à la marée basse, tous les poissons prisonniers sont tués à l'aide de pics, ou assommés au maillet.

Le filet-bourse, employé principalement pour les petites espèces, est disposé en barrage circulaire ayant parfois un développement de 400 mètres sur 50 mètres de profondeur. Pour le relever, un filin passé en coulisse dans les dernières mailles en ferme le fond. Ses prises sont considérables quand le poisson se présente en masses.

Mentionnons encore la senne ou filet à traîner sur le fond des eaux ; le bas est lesté de plombs ou de galets, et le haut garni de têtes de flotte en liège. Le chalut est un filet à poches, ayant de 15 à 25 mètres de long.

Les types et formes de filets sont d'ailleurs innombrables.

Les otaries, phoques et morses, sont tués au fusil, dans les mers du Nord, cela est donc plutôt une chasse qu'une pêche, quoiqu'elle ait lieu sur l'élément liquide et en embarcations.

Plus nettement est pêche, celle de la baleine, c'est même une pêche à la ligne dont le harpon est l'hameçon ; la ligne est à développement comme celle des pêcheurs en rivières, enroulée sur moulinet, avec cette différence, toutefois, que l'animal est « servi » sans s'y être exposé en mordant à un appât.

Mais le harponnage à la main n'est plus qu'un glorieux souvenir parmi les anciens « Frères de la côte » qui se risquaient sur un esquif léger détaché de la baleinière, à aller jusqu'au contact de la bête même, lui implanter le fer meurtrier. Actuellement le harpon est lancé par une pièce d'artillerie.

On sait qu'aussitôt blessé, le cétacé plonge dans les profondeurs avec une rapidité telle que si l'on ne refroidissait avec de l'eau le bordage du bateau contre lequel frotte le cordage en se déroulant, il prendrait feu ; cette corde est la ligne qui sert à ramener la bête épuisée, retenue par le harpon et, d'ailleurs, elle ne peut séjourner longtemps sous l'eau, par suite de son système respiratoire qui est celui des mammifères, classe à laquelle elle appartient.

Mais là encore, la lutte n'est pas terminée, et reste toujours périlleuse.

Au harpon, on a aussi substitué l'obus, lancé par le canon et ne portant pas d'amarre le reliant à l'embarcation. Cela redevient de la chasse. Le projectile est explosif mais non empoisonné comme il se faisait antérieurement. Ce procédé est principalement employé pour la capture du cétacé macrocéphale.

On range encore dans les pêches maritimes celles des éponges, de la tortue de mer pour son écaille, des coquillages d'ornement ou des coquilles à nacre et à perles, la récolte du corail, etc., et les produits de la mer sont loin d'être ainsi énumérés.

OSTRÉICULTURE

L'ostréiculture mérite une mention spéciale. Ses produits étaient autrefois moins abondants, cependant de bas prix, mais peu recherchés sur les tables aristocratiques (1) ; c'était un aliment, ou plutôt une fantaisie populaire.

Aujourd'hui l'huître a conquis, des fins gourmets, l'estime qu'elle mérite ; elle figure avec honneur dans les déjeuners les plus sélects, et devenue aliment de luxe, son prix s'est considérablement accru, et son élevage plus que décuplé.

Les huîtres autrefois les plus estimées provenaient des côtes de la Bretagne et de la Normandie et surtout du rocher de Cancale et de Granville ; actuellement, on place en première ligne les huîtres de Marennes et du bassin d'Arcachon ; celles d'Ostende viennent aussi après ces sortes ; la Belgique n'ayant

(1) Les huîtres étaient, en remontant seulement à une cinquantaine d'années, articles de marchands de vin ; elles se consommaient en dehors des repas, par les artisans et les petits bourgeois, et leur prix était des plus abordables : de belles et grandes huîtres parquées arrivaient en bourriches de 12 douzaines, au prix de 6 à 8 francs la bourriche, ce qui permettait au détaillant de les vendre de 80 centimes à 1 franc la douzaine. Actuellement leur prix est au moins doublé.

pas de bancs, ces huîtres proviennent de nos côtes de Bretagne et ont été parquées à Ostende.

L'huître « Pied de cheval » est une très grande espèce, commune dans la mer de Cette, et de qualité secondaire.

Les huîtres ne prennent une saveur délicate qu'après avoir été parquées, c'est-à-dire avoir séjourné pendant quelque temps dans des bassins d'eau salée, communiquant avec la mer par un conduit. Les plus exquises sont celles prises jeunes puis élevées et engraissées dans les parcs.

Des maladies contagieuses ont été propagées par des huîtres ayant été parquées dans des bassins où se diffusaient les égouts des villes ; il suffit que cet inconvénient soit signalé pour qu'on puisse l'éviter désormais.

Il faut trois ans à une huître pour acquérir la taille normale de consommation.

Les huîtres sont hermaphrodites, et d'une fécondité prodigieuse, leurs œufs nagent dans l'eau et s'agglutinent aux coquilles voisines ; ce sont des myriades de jeunes huîtres « le naissain » ainsi agglomérées qui constituent ces énormes amas que l'on appelle « bancs ». L'huître croit et meurt sur la même place ; la mer lui apporte sa nourriture, qui se compose de frai de poissons et de débris divers roulés par les eaux.

Nous venons de signaler que la Belgique n'a pas de bancs ; sur d'autres littoraux les bancs ont été détruits, notamment en Angleterre, où l'on fait surtout l'élevage d'huîtres françaises, et en Norvège, qui élevait, avant la disparition de ses bancs, une sorte très estimée. Les huîtres de la Baltique ont aussi disparu, et l'Allemagne consomme des provenances américaines.

En France, le nombre des huîtres parquées ou celles provenant directement du dragage (sorte dite Portugaise), peut être évaluée à un milliard d'individus, représentant une valeur de 20 à 25 millions.

Les Etats-Unis sont de grands producteurs d'huîtres ; puis, on peut citer la Hollande, l'Italie, et à un rang encore plus éloigné, l'Espagne, qui élève les provenances d'Arcachon ; cette nation a pourtant une huître locale ; elle est grasse, rougeâtre et un peu amère, inférieure, en un mot.

D'autres sortes ne parvenant pas jusqu'à nous offrent certaines particularités ; ainsi l'huître d'Illyrie est brune au dehors, noire en dedans, amère et fortement salée ; l'huître de Saint-Domingue est très délicate, surtout celle qui s'attache aux branches du manglier qui trempent dans l'eau, sa coquille est feuilletée, jaune ou rouge cramoisi, transparente et nacrée, pouvant même, dit-on, remplacer le verre. Celles qui adhèrent aux rameaux supérieurs de l'arbre et ne sont submergées que deux fois par jour sont détestables. L'huître de la mer Rouge est grande et sa coquille irisée ; on en fait des bouillons très appréciés dans ces régions, où elle passe aussi pour aphrodisiaque.

Le genre *ostrea* comprend, d'ailleurs, de nombreuses variétés, mais dont les préférables au point de vue comestible sont assurément celles de nos côtes océaniennes.

L'appareil employé pour la pêche des huîtres est la drague, sorte de rateau garni d'une poche en lanières de cuir, et qu'un bateau traîne en divers sens sur le banc.

Il est connu que la pêche et la consommation des huîtres doivent se faire en France, du mois de septembre au mois d'avril, dans les mois qui ont des *r* dans leur nom *(mensibus erratis)* ; pendant les autres mois elles sont plus maigres, moins fraîches et moins saines.

Les engins pour la pêche maritime étaient surtout exposés en grand nombre dans la Section Norvégienne (Classe 53).

La pêche est la plus importante source de production et de commerce de la Norvège ; tout un peuple de pêcheurs s'y adonne, tant dans ses eaux qu'en expéditions lointaines, et l'organisation des pêcheries y est admirablement bien comprise.

PÊCHES FLUVIALES

La pêche fluviale, ou plus généralement en eau douce car elle comprend aussi celle des lacs et étangs, peut être considérée à deux points de vue ; d'abord à titre commercial, puis comme sport d'amateurs.

La première considération est peu satisfaisante en France, où le poisson d'eau douce ne donne pas lieu aux trafics commerciaux qu'il pourrait réaliser. Le professionnel de la pêche en rivières est généralement un artisan peu fortuné, vendant, au jour le jour, ses captures aux hôteliers de son voisinage, et plus rarement aux habitants de son même lieu, car ceux-ci, riverains comme lui, sont aussi le plus souvent pêcheurs amateurs.

Cette dernière catégorie est de beaucoup la plus importante comme clients du commerce des engins et articles de pêche ; nous y reviendrons.

Mais la pêche fluviale industrielle n'a pas chez nous des organisations, quelquefois puissantes, telles qu'on en rencontre en Angleterre, en Hollande, en Suède, en Norvège, et surtout dans les Amériques et le Canada ; aussi le poisson d'eau douce apparaissant sur le marché de Paris et d'autres grandes villes est-il le plus souvent d'importation étrangère, à moins qu'il provienne parfois du curage de bassins et petits lacs momentanément épuisés à cet effet, et en telles circonstances le poisson conserve une désagréable saveur vaseuse.

Si la pêche fluviale industrielle est si peu organisée chez nous, c'est sans doute que nos cours d'eau ne sont pas poissonneux en proportion de ceux des nations chez lesquelles nous envions le développement de ladite industrie. Et cela revient à désirer que nos institutions publiques apportent tous leurs soins à éviter la destruction anormale du poisson et à assurer le repeuplement de nos rivières.

D'heureux efforts ont déjà donné de bons résultats dans cette dernière direction.

A la suite des remarquables travaux de M. Coste, et s'inspirant de ceux de de Girolstein et de ses continuateurs, MM. Gehin et Remy fondèrent au village de la Bresse (Vosges) un établissement pour la multiplication des truites ; en 1848, M. de Quatrefages appela l'attention de l'Académie des sciences sur ce sujet important, et bientôt sur les rapports de MM. Coste et Milne-Edwards, le Gouvernement fit les avances nécessaires pour l'application en grand d'une industrie qui promettait de repeupler nos fleuves et nos côtes. Un établissement modèle fut fondé dans ce but près de Huningue, en 1850, aux frais de l'État ; en moins de deux ans, il en est sorti 600.000 saumons ou truites destinés à l'alevinage du Rhône.

Cela était le point de départ de la pisciculture officielle. Depuis lors, des laboratoires pratiques et des viviers ont été créés pour la fécondation artificielle des espèces utiles.

A deux reprises rapprochées, à une époque pouvant remonter à quinze ou vingt années, ces services publics tentèrent un ensemencement de la Seine en salmonides. L'opération se fit à Marly, en un endroit encore insuffisamment purifié des immondices charriées par l'égout collecteur d'Asnières. Vingt mille alevins y furent épandus. Contenus dans une caisse en tôle en partie emplie d'eau, ils furent ainsi descendus dans le lit de la Seine, et lorsque la température de leur milieu fut estimée à niveau de l'ambiance on leur ouvrit l'huis qui les abandonnait à leur sort dans le fleuve.

Que sont-ils devenus? Que sont devenus aussi ceux versés dans le Rhône vers 1853? Questions encore insuffisamment résolues ; les rapports qui en indiquent les résultats ne sont pas parvenus à notre connaissance.

Ces tentatives sont assurément à encourager, mais ne peut-on penser que trop de causes en paralysent les effets? Ces petits êtres livrés à eux-mêmes alors qu'ils n'étaient pas entraînés à chercher leur subsistance, dans des lieux où leurs auteurs naturels ne les auraient sans doute pas déposés, conformément à leur instinct fuyant les espèces carnassières et cherchant les gîtes les plus propices à la croissance de leur descendance.

L'alevinage, toutefois, est actuellement très usité, souvent avec succès dans les eaux non polluées.

Les poissons de proie ne sont pas les pires ennemis de la plus paisible population aquatique. On conçoit bien que dans un bassin ou dans un étang, un couple de brochets, ces requins d'eau douce, y aurait bientôt tout détruit, mais dans un cours d'eau offrant des possibilités de fuite et de refuges, il y a pondération de moyens entre l'attaque et la défense et l'on se trouve dans les mêmes cas que la lutte aérienne entre les rapaces ailés et les passereaux, et que celle plus générale encore de toute la faune foulant le sol, ce qui n'amène la destruction d'espèces que lorsque les victimes ont été transplantées hors de leurs lieux d'origine, loin de leurs pays d'élection, là où l'atavisme leur avait appris à éviter le plus possible les atteintes des carnassiers.

Au sein des eaux il en est de même, et si l'on ne peut éviter que la voracité de certains de leurs hôtes y causent de sérieuses pertes, au moins y trouve-t-on cette compensation que les plus voraces sont précisément les plus estimés des gastronomes, tels les truites et les saumons, auxquels, cependant, nous ajoutons avec regret le brochet, réellement trop destructeur et dont la chair n'est pas de délicatesse supérieure, puis la perche qui, au premier défaut, oppose pourtant plus de qualités culinaires.

Le braconnage, la pollution des eaux sont les causes bien réelles de la dépopulation des rivières.

Le braconnier de pêche comme celui de chasse ne recule devant aucun moyen, même des plus désastreux, et se soucie peu de dévaster toute une région pour réussir en la capture de quelques pièces. Obligé, d'ailleurs, d'opérer clandestinement et rapidement par conséquent, il a recours aux procédés violents, brutaux, plus destructifs que productifs, et n'a pas la moindre préoccupation de la pérennité des espèces, qu'il aurait pourtant intérêt lui-même à perpétuer.

La réglementation sévère de la vente et de l'emploi de la coque du Levant n'en a pas entièrement supprimé l'usage, et quoiqu'à la vérité, le procédé dévastateur de « tirer la coque » soit devenu exceptionnel, nous savons que les braconniers et même des amateurs, sortes de pêcheurs marrons mais non habituels, en usent encore, les premiers y trouvent leur profit, les autres un amusement de haut goût, pimenté qu'il est par l'attrait du fruit très défendu.

A l'empoisonnement du poisson par la picrotoxine, nous sommes menacés de voir s'en ajouter un autre plus subtil encore et plus perfide aussi, car il serait malaisé d'en saisir le corps du délit : quelques centigrammes de matière constituant le poison.

La chronique scientifique nous rapporte, en effet, que l'on vient de vérifier, au laboratoire de Roscoff notamment, la toxicité sur les poissons, déjà connue des indigènes de Madagascar lieu d'origine, d'un végétal, le *Tephrosia Vogelii*, duquel végétal on extrait par incision du tronc, le principe actif, la téphrosine ; c'est un suc cristallisable dont une dissolution au 100 millionième est déjà nocive et stupéfiante pour le poisson d'eau douce ; au 50 millionième il est nettement toxique sur la plupart des espèces ; quelques-unes résistent davantage. Les poissons de mer subissent les mêmes influences, mais en solutions plus concentrées. Les crustacés y paraissent insensibles.

Une pincée de ce poison jetée dans une rivière ou dans un étang peut donc stupéfier le poisson, le faire flotter et en permettre la prise facile à la main ou au filet; et pour peu que la dose soit forcée, il en résulterait la destruction totale des habitants de l'eau ainsi empoisonnée.

Sur les vertébrés l'action de la téphrosine serait infiniment plus faible, négligeable même, de sorte que le poisson resterait comestible après son empoisonnement.

Voilà un nouveau danger pour la pisciculture, mais, ajoute-t-on, guère à redouter, pour le moment au moins, car le végétal n'est pas dans le commerce, et la téphrosine semble devoir rester longtemps encore une rareté, une curiosité de laboratoire ou de collections scientifiques. Qui sait, cependant !...

La pollution des cours d'eau par les immondices domestiques et plus encore par les résidus industriels est une question se heurtant à de grandes difficultés pratiques : d'un côté, les nécessités urbaines; d'un autre, des droits acquis par l'usage.

Ces intérêts divers sont des questions d'espèces, sur lesquelles on ne peut émettre des règles générales, et dont la solution reste aux soins des intéressés locaux.

Et ce sont les pêcheurs à la ligne qui interviennent le plus efficacement dans la réforme des abus provenant tant du braconnage que de la contamination des cours d'eau.

La pêche à la ligne, autrefois si raillée, est devenue un sport auquel les mondains s'adonnent actuellement, qui est bien porté, pour lequel des amateurs aisés se montent en matériel dispendieux, et s'organisent en groupements pour la police de la pêche. Des personnages influents tenant à l'administration et à la magistrature en sont des adeptes et appuient du poids de leur situation toutes les mesures susceptibles de favoriser leur distraction préférée, mesures émanant ordinairement de leur initiative.

Il existe en France, 5 à 600 Sociétés de pêcheurs à la ligne ou de pisciculteurs ayant pris pour tâche la répression du braconnage et la repopulation des cours d'eau, et grâce à l'appui que leur prêtent les pouvoirs publics, maintenant qu'ils se sentent secondés par leurs administrés, on peut espérer voir reprendre à notre domaine aquatique la fécondité que l'on a autrefois connue, et qui même peut encore s'accroître par suite des progrès de la science aquicole.

Engins. — La pêche à la ligne est donc celle qui donne le plus grand mouvement d'affaires en matériel spécial et en accessoires divers.

La base de l'armement du pêcheur est une bonne gaule, qui, démontable ou rentrante, prend le nom de *canne à pêche;* les amateurs apportent un grand amour-propre à posséder des cannes commodes, légères et surtout élégantes, ceux à qui l'aisance le permet, vont à y mettre jusqu'au prix de 120 francs ; d'autres plus opulents encore en paieraient même 300 francs, sans que pour cela ces instruments soient montés en or ni enrichis de pierres fines.

Ces hauts prix, peut-être bien un peu conventionnels tout de même, se justifieraient par le fini et la précision du travail, et par le choix minutieux des matières entrant en œuvre.

Le dernier perfectionnement apporté dans ce genre est la canne en bambou refendu ; voici en quoi il consiste :

Des bambous de choix sont sciés en secteurs dans le sens de leur longueur et dans la partie externe qui est la plus résistante du bois ; on obtient ainsi des baguettes en forme de prismes triangulaires ; ces brins sont ensuite rassemblés côte à côte, unis par une colle imperméable et ligaturés de 5 en 5 centimètres. Le nombre de baguettes ainsi réunies en une seule tige est habituellement de six, de sorte que l'on a une canne à section hexagonale.

Ce genre de canne, on le conçoit, est d'un diamètre restreint, d'une grande légèreté, et d'une extrême solidité unie à de la flexibilité.

Mais, construite avec tous les soins désirables, et complète en ses détails, c'est-à-dire composée de trois bouts de 1 m. 15, et de deux scions (l'un de rechange) avec porte-moulinet et ses bagues, poignée en bois d'ébénisterie ou en liège, à garnitures bronzées ou nickelées, avec pommeau métallique sur lequel peut se fixer une lance mobile pour ficher l'appareil en terre ; une semblable canne, donc, réunissant tous les perfectionnements connus, peut encore s'obtenir à moins de 50 francs dans le détail, ce qui est déjà très différent des 120 et 300 francs dont il est question plus haut.

Du même genre moins luxueux, en bambou refendu, existent des modèles depuis 10 francs.

Dans l'article plus courant encore, dit cannes françaises, les bois employés sont le roseau de Fréjus, le noisetier, le bambou blanc, rose dit riz, noir, noir-racines, le jonc, le frêne. Les cannes anglaises sortant de l'ordinaire sont en bois de greenheart, d'hickory, en bambou de Calcutta, etc...

Toutes ces cannes, démontables ou rentrantes, se vendent de 1 à 20 francs, suivant leur composition, leur matière, et leurs garnitures.

Le *moulinet* est une bobine fixée sur la grosse extrémité de la canne. Il tient en réserve de 25 à 100 mètres de ligne, qui filent le long de la canne quand le poisson ferré cherche à prendre la fuite. Une manivelle fixée à un tourniquet permet de ramener peu à peu le poisson, en cédant ou en reprenant la ligne suivant les incidents de la défense.

Tout en restant dans un type générique, les moulinets varient beaucoup dans leurs détails.

La *ligne* se fait en fils ou filaments très divers aussi, suivant le genre de pêche en vue, et suivant encore plus les idées du pêcheur; les conditions primordiales à réaliser sont : la plus grande finesse possible de brin compatible avec la solidité nécessaire pour n'être pas démonté et une teinte translucide, peu apparente au moins, pour tromper la défiance du poisson ; on en fait en tons verdâtres ou bleutés, se rapprochant de la nuance des ondes. Enfin, il est avantageux que les lignes constituées de plusieurs filaments tressés ne vrillent pas dans l'eau.

Ces conditions ne sont importantes que pour le bas de ligne sur lequel sont montés les hameçons ; il y a plus de latitude pour le haut, qui est avantageusement établi en fils résistants.

D'après ces principes, les matières le plus communément employées sont : le crin de cheval, le cordonnet blanc ou nuancé, en soies tressées anglaises et américaines (vrillant moins que le cordonnet). Le haut des fortes lignes peut se faire en fouet (cordonnet de lin). Les lignes de fond sont en fil tanné. Les cordes guitare sont à destination d'accessoires.

Le crin de Florence, ainsi dit quoiqu'il vienne principalement de Murcie (Espagne) et que les pêcheurs nomment « racine », est un filament d'une très grande solidité, bien flexible et d'une suffisante élasticité ; il est incolore, vitreux, et, constitué d'un seul brin, il n'a pas à se détordre dans l'eau ; toutefois, on ne peut jusqu'à présent lui donner une extrême finesse et ses bouts sont nécessairement de longueur limitée.

Il ne peut en être autrement, car le crin dit de Florence est la matière extraite du ver à soie; lorsque le bombyx se dispose à filer son cocon, on lui cueille artificiellement ce produit visqueux, que l'on étire en filaments d'autant plus courts qu'ils seront d'un calibre plus fort, et inversement.

On conçoit que chaque brin ne peut être que le chargement d'un ver; leur longueur est communément de 28 à 40 centimètres; les sortes fines de Grecia vont jusqu'à 55 centimètres, et le Japon, paraît-il, est arrivé à en étirer d'une finesse jusqu'ici inconnue et atteignant 1 m. 50 de longueur.

Le crin de Florence n'est pas le « boyau » du ver à soie, ainsi qu'on le dit quelquefois.

Il vaut de 6 à 100 francs les mille bouts, suivant longueurs et finesses.

Une nouveauté dont l'avenir dira la valeur réelle est la ligne en cheveux humains; les cheveux sont décolorés puis tressés par 10, 20 et 40, en un fil du genre cordonnet. On prête à cette ligne une très grande résistance et principalement une élasticité exceptionnelle à la traction, ce qui fait que le poisson reste toujours sur une ligne tendue, malgré ses tiraillements et qu'il est bientôt épuisé et vaincu.

L'*hameçon* est l'organe essentiel de la ligne à pêcher, celui pour lequel tous les autres ne sont que des moyens de manœuvre.

Ses quelques variétés de détails ne le laissent pas moins sur un type général assez uniforme. Les hameçons français, anglais, irlandais, ne se distinguent que par des courbes peu caractéristiques et dont les modèles divers de chaque provenance finissent par rapprocher celles-ci entre elles. Il y a dans leur choix plus d'idée préconçue chez le pêcheur que de réalité dans la différence d'effets.

D'ailleurs, quelle que soit leur qualification, ils sont à peu près exclusivement de fabrication anglaise; cette industrie, qui marche simultanément avec celle des aiguilles dans les mêmes établissements, est spéciale à la région de Redditch, dans le voisinage de Sheffield, et son organisation plusieurs fois séculaire y est telle qu'elle ne peut être concurrencée ailleurs avec des chances de réussite. Les parties délicates du travail, notamment l'aiguisage, s'y font à la main, par une série d'ouvriers ayant chacun une spécialité différente, et se succédant de père en fils pour chaque catégorie d'opérations, ce qui explique l'habileté consommée qu'ils ont fini par y acquérir.

On cite, parmi d'autres, une manufacture, datant de 1730, et produisant par semaine jusqu'à 8 millions d'aiguilles et 1.200.000 hameçons pour la pêche fluviale et maritime.

Et plusieurs maisons sont de conditions comparables, dans la région de Redditch, notamment la Société S. Allcook and C°, exposante dans la Section anglaise.

Les hameçons pour toutes pêches sont plus ou moins ouverts ou fermés; droits ou renversés de la grande branche ; à tiges aux calibres proportionnels divers ; à tiges rondes ou carrées ; avec attaches à palettes, à cran ou à anneaux; bleus d'acier, étamés, vernis noirs, ou blancs, ces derniers dits cristal étant destinés à la pêche des gardons, et toutes ces sortes en nombreux numéros. Chaque genre a ses amateurs.

Il se fait encore des hameçons à double barbe; la barbe étant la petite pointe saillante intérieure empêchant le poisson ferré de se dégager. Il y a des hameçons doubles, triples, quadruples, c'est-à-dire possédant plusieurs dards. Des hameçons doubles sont à ressort et leurs deux branches s'ouvrent automatiquement lorsque le poisson mord. D'autres, doubles également, ont une aiguille fermante pour fixer l'appât dans la pêche au vif ou aux gros insectes naturels.

Ce qui précède implique qu'il y a aussi des *appâts artificiels* ; en effet, et pour ceux-là destinés aux grosses espèces voraces, il se fait des figurines en métal donnant l'illusion de fretin frétillant, on emploie même de simples coquilles cuillers. Des ailettes en hélices leur communiquent, par leur traction dans l'eau, un mouvement de rotation, et le poisson carnassier, si défiant pourtant, s'y laisse prendre.

C'est là que l'hameçon devient compliqué ; ces pièces d'appât trompeur sont montées sur des assemblages comprenant deux, trois ou quatre hameçons triples, ce qui fait jusqu'à douze pointes attendant la voracité du brochet, de la truite, de la perche ou du saumon.

Notons, pour en terminer avec les hameçons, que ces fins produits de l'industrie se vendent en fabrique, depuis 3 francs le mille.

Les appâts artificiels pour plus petits poissons sont les *mouches* et petits insectes employés principalement à la ligne volante ; leur nombre est devenu considérable et l'imitation de la nature assez loin poussée, suffisamment d'ailleurs, pour que le poisson s'y méprenne.

Ces bestioles factices sont, les unes tout hérissées et rappellent de minuscules chenilles de nuances diverses ; d'autres offrent tous les caractères de la mouche : ailes, pattes, antennes, etc. Des fragments de plume, de laine, de barbe de coq forment un ensemble qui ne satisferait pas un naturaliste, mais trompe aisément le poisson en quête de nourriture.

Les mouches artificielles varient à l'infini tant par leur couleur que par leur forme. Les fabricants donnent un nom à leurs créations, qui toutes veulent représenter un insecte réel, dont l'emploi est déterminé par le genre de pêche en vue ou par les mois de l'année.

Leurs noms sont aussi fantaisistes que leur vérité entomologique, aussi serait-il sans intérêt d'en citer quelques-uns.

L'illusion du *self-movement* est donnée par le pêcheur, lançant son appât au large en lui imprimant en même temps un retrait qui fait que la mouche, après avoir touché l'eau, suit l'impulsion initiale qui la fait cheminer vers la rive. Le poisson, la croyant vivante, la poursuit, la happe et va au panier du pêcheur.

La ligne de fond est une pêche productive, mais sans péripéties, et par conséquent sans intérêt sportif.

Nous n'entrerons pas dans la nomenclature des nombreux accessoires de la pêche à la ligne, sur lesquels nous ne remarquons aucune nouveauté importante à signaler ; le plus nécessaire est l'*épuisette*, ustensile bien connu, dont l'emploi est de « ramasser » dans l'eau le poisson tenu au bout de la ligne.

Mais ceci nous amène au paragraphe des *filets*, qu'il faut bien aussi mentionner, sans avoir pourtant de particularités nouvelles à décrire.

La pêche à la ligne est la plus sportive au point de vue de l'esprit d'observation et de lutte intelligente qu'elle nécessite, et parce que ses pratiquants peuvent y conserver leur correction de tenue. Et puis chacun peut s'y livrer sans autorisations ni redevances, tandis que pour toutes autres, sur les cours d'eaux flottables ou navigables, il faut être concessionnaire d'un canton de pêche.

Cependant des amateurs vigoureux ne dédaignent pas, lorsqu'ils y ont droit, la pêche à l'épervier, ce filet tombant comme un oiseau de proie aux ailes éployées, sur le poisson surpris et fasciné.

Les éperviers réglementaires pour la pêche en bateau, dits « éperviers clairs », sont à mailles de 27 millimètres, mesurées sur les côtés, de nœud à nœud ; ils doivent être à mailles égales, cependant on admet des éperviers dits « de tolérance », dont les mailles s'agrandissent depuis les poches jusqu'au sommet. Les « éperviers drus », ou « goujonniers » pour petits poissons, et devant être lancés de la rive, ont réglementairement 10 millimètres. Entre ces deux sortes se font des « éperviers bâtards », destinés aux pêches en propriétés particulières, et dont les conditions ne sont alors soumises à aucune règle. On en trouve tout fabriqués chez les fournisseurs d'articles de pêche, en mailles de 15 millimètres.

Ces filets sont en lisse (ficelle) de chanvre, cependant les amateurs aisés en ont de confectionnés en soie.

Les autres genres de filets pour la pêche fluviale sont à l'usage des professionnels ou des sociétés d'amateurs, car ils nécessitent habituellement le concours de plusieurs embarcations.

Dans ces dernières conditions ne sont pourtant pas les carrelets et échiquiers, fonctionnant à la façon d'une écumoire, manœuvrée par une seule personne, mais ne ramenant ordinairement que du fretin.

Les filets « araignées » ou « sanglons » sont des barrages, lestés en bas par des plombs, et maintenus en haut par des flotteurs en liège.

Les « tramails » sont constitués de trois araignées se tenant écartées dans l'eau ; celle du milieu est à mailles de 27 millimètres ; les deux extérieures ont des mailles de 16 à 20 millimètres, ils se fixent aux berges par des perches, et prennent le poisson venant par les deux sens du courant.

Les « sennes fluviales » sont des engins plus compliqués, et constituent le plus intéressant instrument des parties de pêche en commun. C'est d'abord une araignée présentant une anse demi-circulaire qui ramasse le poisson pendant qu'on traîne l'appareil sur le fond d'eau. Le poisson cherche une fuite au sommet de la courbe ainsi formée, mais s'engage dans d'autres filets en entonnoir dont la douille est un passage qu'il ne sait plus retrouver lorsqu'il est emprisonné dans une dernière chambre close.

On connaît la « nasse », appareil en vannerie offrant aussi une ouverture évasée avec sortie apparente resserrée et flexible dans le sens de l'arrivée, rigide pour la sortie, et qu'une fois franchie, le poisson se trouve pris dans une partie fermée. Le « verveux » est l'équivalent construit en filets tendus sur des cercles. Le « tambour » est une sorte de verveux à double entrée, se présentant l'une en amont, l'autre en aval du courant.

Ces derniers engins sont dormants, c'est-à-dire restant immobiles. Lorsque le verveux est muni d'ailes extérieures, il devient une senne fixe.

L'arsenal de la pêche fluviale comprend aussi des instruments de *harponnage*. Les uns sont lancés à la main, tels que les harpons proprement dits, allant du simple, à fer de flèche, à ceux dont les barbes (pointes en retour) sont à ressort et se déclanchent dans le corps de l'animal. Les « fouënes » sont des harpons à plusieurs dents, généralement quatre, et rappelant par leurs dispositions le trident de Neptune.

D'autres harpons sont lancés par des arbalètes s'épaulant. Tous ont un filin qui les relie aux bateaux ou aux chasseurs à pied, et qui permet, comme dans la pêche à la baleine, de ramener la pièce harponnée mais ordinairement quand elle est déjà tenue au bout d'une ligne.

Tout ce matériel de pêche fluviale était remarquablement présenté ou signalé dans l'Exposition de M. Fiant, qui nous en a montré les modèles les plus intéressants et les plus perfectionnés.

La Section japonaise avait de très jolies mouches artificielles.

Le commerce parisien des articles de pêche fait un chiffre d'affaires dépassant 3 millions de francs ; notre exportation s'accroît sans cesse, notamment en Belgique, en Allemagne, en Russie, et jusqu'aux Amériques. L'Angleterre se suffit à elle-même et exporte ces mêmes produits.

La France est surtout prépondérante dans la fabrication et l'exportation des cannes à pêche.

On estime qu'en France il y aurait 380.000 pêcheurs fluviaux, contre 470.000 en Angleterre, et 90.000 seulement en Allemagne.

La pêche, en général, maritime ou fluviale, n'est pas, comme nous le voyons, à court d'outillage, et ses succès sont assez encourageants ou intéressants pour y attacher tout un peuple de professionnels et d'amateurs.

Elle ne donne pourtant pas tous les résultats qu'on en pourrait attendre mais qu'on peut encore espérer en un avenir prochain, grâce aux encouragements — non plus passifs — de nos administrations, et grâce à la vigilance des intéressés.

Il resterait, néanmoins, à instituer pour les grandes pêches des organisations telles qu'on en voit en Angleterre, où les pêcheurs se constituent généralement en sociétés et organisent les transports de leur pêche, par des bateaux à vapeur spéciaux qui mettent la flotte en communication constante avec le littoral.

La marche et l'arrivée du poisson sont annoncées sur les côtes par le télégraphe et par les pigeons voyageurs que la flotte de pêche emporte avec elle. En outre, un réseau téléphonique relie les postes de pêche à des stations d'observation.

Dans de semblables organisations, l'initiative privée doit avoir une aussi grande part que l'action gouvernementale, et se résoudre pour cela à des sacrifices pécuniaires, lesquels ne seront que semence fertile jetée en un terrain où la seule nature fait tous les frais de fécondation.

On prête au président Roosevelt un mot bien de son tempérament, et qui sera notre conclusion : « Une once d'initiative privée pèse plus qu'une tonne d'encouragements de l'État ».

Peut-être nous sommes-nous arrêté un peu longuement sur ce chapitre de l'aquiculture et des pêches : c'est qu'en notre intention, il tendait à être une synthèse générale, quoique encore sommaire, de la Classe 53.

PLANTES MÉDICINALES INDIGÈNES

La Classe 54 étant spécialement l'asile des « cueillettes », l'herboristerie y figurait en sa place légitime, et nous devons lui prêter quelque attention.

Quoique la médication par « les simples » ait beaucoup perdu de place devant la nouvelle thérapeutique faisant préférablement usage de substances pharmaceutiques mieux définies et plus certaines en leurs effets, elle donne encore lieu à un commerce important, et elle a toujours ses partisans.

D'ailleurs, les plantes pour tisanes n'ont toujours été que des remèdes anodins à l'usage de la médecine domestique, et, dans leurs prescriptions, les médecins ne les considéraient que comme accessoires de traitements plus sérieux ; il fallait bien indiquer aux malades une boisson inoffensive.

Et puis, le commerce de l'herboristerie ne se borne pas aux espèces tout à fait anodines ; les plantes pour préparations pharmaceutiques, y compris les solanées et autres vénéneuses, en font partie dans les affaires de gros, les seules que nous ayons à envisager en ce moment.

Mais ce commerce a pris de nouvelles allures depuis ces quarante ou cinquante dernières années ; il s'est industrialisé en donnant lieu à des cultures particulières.

En remontant aux époques sus-indiquées, nous verrons, en province, la récolte des plantes se faire par des vieillards ou des femmes allant faire la cueillette de celles qu'on leur désignait et de toutes autres laissées à leur initiative, et si le pharmacien n'avait pas lui-même un jardin, il s'entendait avec un maraîcher du lieu pour s'approvisionner de plantes vertes, antiscorbutiques, narcotiques ou aromatiques.

Ce que l'on ne pouvait se procurer sur place était demandé au commerce de l'herboristerie.

A Paris, le marché aux plantes médicinales, se tenant rue de la Poterie aux Halles, était abondamment fourni de ces plantes : fleurs, feuilles, bourgeons, écorces et racines, et alimentait les herboristes et pharmaciens de la région parisienne. Il n'est plus maintenant qu'un vestige, mais alors, avant l'édification des nouvelles halles, la rue de la Poterie, qui avait une longueur double de celle qu'elle a actuellement, rassemblait des monceaux de plantes, surtout pendant la bonne saison ; les herboristes de gros ou les détaillants rapportaient chez eux des voiturées d'herbes, que tout le personnel des maisons se mettaient à « palanter » en guirlandes dont on tapissait tous les plafonds et tous les coins disponibles des magasins.

Les herboristes en gros étaient établis aux abords même du marché aux plantes : rues de la Poterie, de la Lingerie, etc.

Aujourd'hui ce commerce s'est considérablement modifié et simplifié ; la culture des plantes médicinales est devenue une industrie qui a ses centres de production : Milly, dans Seine-et-Marne ; Leuilly, dans l'Aisne ; Montreuil, Aubervilliers et Genevilliers, près de Paris, et, de date plus ancienne, le département du Nord, qui, depuis longtemps fournit les mauves, guimauves, camomilles, etc., comme l'Auvergne nous alimente de violettes, d'arnica, de gentiane et d'autres espèces montagneuses.

La Flore maritime sur nos côtes nous fournit une algue, la seule à peu près usitée en médecine, le *fucus crispus*, avec cependant la mousse de Corse (*Gigartina helminthocorton*) dont le nom usuel indique l'origine.

La plupart de ces entreprises sont prospères ; Milly a constitué un syndicat qui traite les affaires en gros producteur ; le château de Leuilly a été acheté par un cultivateur, maire de la commune, qui l'a transformé en séchoir ; on y cultive en grand, notamment, la bourrache et la pensée sauvage ; Milly et Montreuil ont été médaillés à l'Exposition universelle de 1889. Un cultivateur d'Aubervilliers a obtenu un Grand prix à l'un de nos récents concours agricoles de Paris. Ce sont des industries ne ressemblant plus au travail des ramasseurs, qui allaient par champs et forêts recueillir quelques espèces à végétation spontanée.

Tout ce qui se vend assez couramment est cultivé, la récolte n'en est que plus facile, et les plantes surtout y ont gagné en beauté. Il y a même des spécialistes : un cultivateur d'Alsace s'est adonné uniquement au lierre terrestre ; par une sélection judicieuse et des soins bien entendus, il est arrivé à produire une plante magnifique, à larges feuilles, à bouquets bien fournis, et lui seul alimentait toute la droguerie. Il y a quelques années, son séchoir fut incendié avec le stock de marchandises qui devaient satisfaire à ses marchés consentis, et cette année-là, le lierre terrestre manqua dans le commerce.

L'étranger nous fournit plusieurs espèces, notamment des fleurs ; l'Allemagne, la Suisse, l'Autriche, la Russie, tous les pays de la zone moyenne de l'Europe, sont nos principaux pourvoyeurs. La belle fleur d'ortie blanche ne se trouve qu'en Russie.

Les nations méridionales ont bien aussi quelques produits ; l'Espagne nous envoie le safran et un seigle ergoté de première grosseur. La capillaire, quoique dite de Montpellier, nous vient de la Sicile.

L'Algérie a une centaurée incomparable, et nous alimente aussi d'eucalyptus, avec d'autres espèces encore qui lui sont moins spéciales.

Dans le midi de la France, Nîmes est un centre du commerce de l'herboristerie en gros, sans spécialité définie, et nous expédie aussi ses produits, en général de qualités secondaires.

Tous ces fournisseurs : simples ramasseurs ou cultivateurs, expéditeurs ou importateurs, tous livrent leur marchandise à l'état sec, mondée ou bottelée, mais toujours prête à la vente ; les petits viennent vendre directement aux maisons de droguerie ; les plus importants ont des représentants sur place qui traitent leurs affaires, soit par marchés pour l'année, soit au fur et à mesure des besoins du moyen commerce.

Les cultivateurs spéciaux des environs de Paris font en grand les plantes vertes à préparations : espèces anti-scorbutiques, narcotiques pour populéum et baume tranquille, et aromatiques pour alcoolats vulnéraire et de mélisse. Ils livrent ces plantes aux usines des fabricants pharmaciens, et vont encore au Marché aux plantes en exposer quelques lots, se vendant à peu près au détail, aux petits préparateurs.

C'est ainsi que le marché des Halles n'est pas entièrement disparu, mais disions-nous, il est devenu à peu près insignifiant.

Un botaniste compétent est inspecteur de ce marché, ce qui l'occuperait peu s'il n'était en même temps inspecteur des champignons arrivant chaque matin aux Halles.

Cette transformation du commerce des plantes médicinales a déterminé la suppression des herboristes en demi-gros, qui n'ont plus de raison d'être, maintenant que les sources de production ne sont plus soumises à des achats par petites parties devant, par leur réunion, constituer un approvisionnement. Aussi le commerce en gros de l'herboristerie est-il maintenant confondu avec celui de la droguerie, où quelques maisons, toutefois, lui donnent la prééminence dans leur genre d'affaires.

En résumé, le commerce des plantes médicinales indigènes n'a pas cessé de donner lieu à d'importants trafics, quoiqu'en diminution sur le siècle dernier, et la production s'est industrialisée, en fournissant de plus beaux produits, et facilitant les transactions.

DROGUERIE MÉDICINALE

Nos considérations à propos des plantes médicinales indigènes nous amènent à présenter de courtes observations sur le commerce des végétaux d'origine exotique.

Toutes les espèces non récoltables sur notre sol, ou plus exactement non de nos climats, sont articles de droguerie, en y joignant les plantes vénéneuses indigènes dont le débit est interdit aux herboristes de détail.

La droguerie proprement dite fait le commerce de drogues *simples*, c'est-à-dire sans qu'elles aient subi de transformations ; la pulvérisation même des substances médicamenteuses, est considérée comme opération pharmaceutique.

La Droguerie comprend, du reste, toutes les drogues simples des trois règnes naturels, justifiant ainsi la devise des anciens apothicaires : *Versantur his tribus*, figurant dans leur écusson audessous de la représentation de ces trois règnes.

Le triage, l'émondage, l'incisage, le criblage et autres manutentions pour le classement et la bonne présentation des drogues sont évidemment travaux de droguerie et du commerce libre en général.

Mais le plus ordinairement, on entend par Droguistes, les maisons qui fournissent toutes les substances et préparations pharmaceutiques, ayant à leur tête un pharmacien.

Ce sont celles-là que nous avons vu prendre part à l'Exposition, dans la Classe 54, et aussi dans la Classe 87.

Quant aux commerçants en drogues simples seulement, quoique leur nombre ait beaucoup diminué comparativement aux époques antérieures, il en reste cependant, et nous ne pouvons que regretter leur abstention.

Les droguistes n'étant ni producteurs directs, ni transformateurs, se croient sans doute insuffisamment qualifiés pour prendre part à nos concours, et ainsi peut-on constater qu'ils comptent généralement peu parmi les exposants.

Cette abstention ou plutôt cette réserve n'a pas plus de raisons d'être que chez d'autres négociants qui ne sont pas davantage producteurs et qui, néanmoins, figurent à nos Expositions en assez grand nombre. Nous voyons les commerçants en caoutchouc, poils, plumes, cornes, et bien d'autres encore parmi les importateurs ou simplement les négociants en matières premières, qui viennent y prendre leur place, et y ont un droit incontestable, comme l'ont aussi les droguistes.

La notoriété et l'honorabilité d'une maison de commerce, l'intelligence de son administration, le bon choix habituel de ses marchandises, les succès même de son exploitation, sont autant d'éléments que représentent quelques échantillons exposés, de peu d'effet peut-être auprès du public, mais au-delà desquels voit un Jury qui connaît son monde.

Cette digression qui aurait peut-être été mieux à sa place dans nos Considérations générales, nous sert d'introduction à l'examen de matières, nous dirons *classiques*, de droguerie médicinale, dont nous avons vu de beaux spécimens à la Classe 54.

QUINQUINAS

On peut affirmer que les quinquinas tiennent le premier rang comme importance d'affaires parmi les drogues simples et comme agents thérapeuthiques. Si le débit en a quelque peu diminué chez le pharmacien détaillant, devant d'autres excitants-toniques apparus en ces dernières années : coca et kola, la consommation s'en est néanmoins accrue sous forme de boissons d'agrément, et les cinchonas ont vu s'étendre leur plus considérable emploi, celui de la fabrication de la quinine.

Origine et notes historiques. — L'étude botanique des cinchonas a été assez souvent publiée en des traités spéciaux dits de « quinologie », pour que nous puissions nous dispenser d'en faire ici le prologue de nos considérations d'un caractère plutôt économique et pratique.

Notre Muséum d'histoire naturelle élève, dit-on, environ deux mille pieds de jeunes quinquinas, mais sans espérance de les acclimater dans nos pays dont la température leur est insuffisante. Ils peuvent servir à l'étude de leurs caractères organoleptiques.

Dans l'Amérique méridionale, les arbres et arbrisseaux qui fournissent le quinquina croissent spontanément dans une zone bien déterminée qui s'étend du 10e degré de latitude nord au 19e degré de latitude australe ; ils ne peuvent supporter une température inférieure à + 12 degrés C.

A l'origine, l'Amérique du Sud était le seul pays qui produisit le quinquina. C'est de là que vinrent exclusivement pendant longtemps tous les spécimens de la précieuse écorce dont les médecins reconnurent peu à peu les propriétés toniques et surtout fébrifuges.

L'introduction du nouveau remède dans la thérapeuthique ne se fit pas sans un très grand bruit. Des querelles horribles éclatèrent à ce sujet parmi les médecins de l'époque ; le quinquina eut ses apologistes ardents et ses détracteurs passionnés. La dispute fut aussi aigre que celle relative à l'antimoine qui fit échanger tant d'injures dans le corps médical. Pendant quelques années, la discussion perdit toute mesure ; plusieurs facultés proscrivirent le remède, les médecins qui bravaient la défense étaient persécutés, et les pharmaciens intimidés n'osaient pas en avoir dans leurs officines.

Cependant, ses succès incontestés réussirent à établir la valeur thérapeutique du quinquina. L'opposition d'une partie du corps médical perdit son intensité et finit par s'éteindre. Vers le commencement du XVIIIe siècle, le quinquina prit la place qu'il tient encore aujourd'hui, ou plutôt qui n'a fait que se développer depuis la découverte, en 1820, de la quinine par Pelletier et Caventou, et depuis que les procédés de culture et de récolte ont multiplié la production et abaissé les prix de la bienfaisante écorce.

Nous croyons intéressant d'exposer les appréciations des médecins de cedit XVIIIe siècle, alors que les luttes étaient apaisées et que les propriétés du quinquina n'étaient plus contestées par tout un parti médical. Nous les puisons dans un petit traité daté de 1772, et publié sous le titre : *Avis au peuple sur sa santé*, par le Dr Tissot, professeur en médecine à Bâle. L'auteur écrivait :

« L'on a un remède immanquable pour la guérison des fièvres d'accès (intermittentes) : c'est le Kina ou Kinkina : ainsi l'on est toujours sûr de les dissiper, et il n'y a de difficulté que celle de savoir s'il n'y a point d'autre cause de maladie, compliquant la fièvre, à laquelle le *Kina* pût nuire.

» Cet admirable remède n'est connu en Europe que depuis cent et vingt ans ; nous en avons l'obligation aux Espagnols qui le trouvèrent au Pérou dans la province de Quito. La comtesse de Chinchon fut la première Européenne qui en fit usage en Amérique, et il arriva d'abord en Espagne sous le nom de *Poudre de la comtesse.* Les maisons des jésuites en ayant fait distribuer beaucoup, il se répandit sous le nom de *Poudre des jésuites.* Il a été connu encore sous d'autres noms ; on ne l'appelle aujourd'hui que *Kina*, *Kinkina*, ou *Écorce du Pérou.*

» Il essuya d'abord de très grandes oppositions ; les uns le regardaient comme un remède divin, les autres comme un poison, et l'animosité ayant augmenté les préjugés, il a fallu près d'un siècle avant que tous les esprits fussent fixés sur son véritable usage. Mais enfin, il paraît que depuis près de vingt ans, l'on est généralement revenu des préventions défavorables à ce remède.

» L'insuffisance des autres, son efficacité, les cures admirables et sans nombre qu'il a opérées et qu'il opère tous les jours, le nombre de maladies, très différentes des fièvres, dans lesquelles il est le souverain remède, ses effets dans les maladies chirurgicales les plus fâcheuses, le bien-être, la force, la gaieté dans laquelle il met ceux qui en font usage, ont enfin désillé tous les yeux, et on lui donne presque unanimement le premier rang parmi les remèdes les plus efficaces.

» On ne croit plus qu'il « gâte l'estomac », qu'il « fixe la fièvre sans la guérir », qu'il « enferme le loup dans la bergerie », qu'il jette dans le « scorbut, l'asthme, l'hydropisie, la jaunisse », l'on est au contraire persuadé qu'il prévient tous ces maux, et que, s'il nuit quelquefois, ce n'est, comme tous les bons remèdes, que quand il est falsifié, ou mal ordonné, ou mal pris, ou enfin dans des cas d'idiosyncrasies. »

Par ces citations, nous voyons quelles étaient les accusations contre le quinquina, des médecins adversaires.

Notre Dr Tissot indique comme suit son mode d'emploi du quinquina, dans les fièvres intermittentes :

« Du meilleur kina en poudre, une once ; partagez-le en huit prises égales (1).

» Si la fièvre est quotidienne ou double tierce, on en donne trois quarts d'once, ou six prises entre deux accès...

» Quand la fièvre est tierce, il en faut donner une once ou huit prises entre deux accès...

» Quand elle est quarte, j'en donne une once et demie de la même façon...

» Souvent après ces doses de kina, l'accès manque, mais soit qu'il manque ou qu'il revienne, il faut après que son temps est passé, en redonner la même quantité qui emporte certainement le second accès. On continue ensuite pendant six jours à donner la moitié des doses... »

Dans les notes en renvois, notre auteur ajoute :

« Le bon kina coûte 43 batz la livre ; 5 batz l'once en poudre. Il se conserve longtemps moyennant qu'il ne soit pas pilé. Rien ne peut en tenir lieu. »

Le « batz », monnaie suisse, valait trois sous de France ; donc une livre de 454 grammes de « bon » quinquina en poudre se payait en pharmacie 129 sous, et l'once 15 sous.

D'après le Dr Tissot, plus près que nous-même des faits, le quinquina aurait été introduit en Europe vers l'année 1652, d'autres auteurs disent 1648, l'écart est insignifiant, mais on rap-

(1) A cette époque, la forme pharmaceutique préférée, pour le quinquina et bien d'autres substances, était toutefois l'électuaire.

porte aussi que l'anglais Talbot en vendit en 1676 le secret à Louis XIV, qui en avait personnellement éprouvé de bons effets alors qu'il lui avait été administré par le général des Jésuites, lequel, sans doute, gardait pour sa Compagnie, le secret du remède.

Sortes officinales et commerciales. — Le genre quinquina comprend plus de cent espèces, dont les sortes officinales ou à fabrique (de sulfate de quinine) comptent pour une vingtaine.

Celles qui furent longtemps les seules admises en pharmacie, sont le « quinquina gris » ou « de Loxa », le premier introduit en Europe et qui est dû au *Cinchona cinerea* ; le « quinquina jaune » ou « royal » dit aussi « calissaya », provenant surtout du *Cinchona lancifolia* ; c'était le quinquina fébrifuge par excellence, riche en quinine ; enfin, le « quinquina rouge » dû principalement au *Cinchona magnifolia* ; cette sorte n'a pas de spécifité bien définie, mais cependant est assez riche en alcaloïdes, et est recherchée principalement pour sa belle couleur qui fait bien dans les poudres dentifrices.

Les sortes grises substituées souvent aux Loxa, sont le « Loxa fibreux » nommé aussi (bien abusivement), « Loxa vera » sorte secondaire, dont la saveur est plus astringente qu'amère ; le « Huanuco » et le « Guayaquil », qualités encore bonnes ; le « Lima », le « Havane », inférieures, et s'employant dans les préparations d'agrément où l'on est censé ne pas chercher d'action médicamenteuse.

Ces diverses sortes proviennent, croit-on, du *Cinchona condaminea*. On ne peut guère affirmer, car la quinologie manque encore de points certains de repère, et chaque auteur crée suivant ses estimations ou ses présomptions, des noms et des espèces.

Toutes celles ci-dessus citées sont les produits spontanés des forêts de leurs climats ; la culture en a modifié, amélioré les espèces et les a enrichies en alcaloïdes ; certains calissayas « roulés » et « à épidermes », c'est-à-dire non dépouillés de leurs couches externes, sont de cette catégorie et constituent de bonnes sortes à fabrique. Les « Succirubra » ou « Feilguerry » (*Cinchona hybridæ*), et les « Ledgerania », de Howard, ou Calissaya de Wedell, sont également estimés pour leurs qualités et leur rendement.

Le Ledgerania, dont la forme commerciale est une écorce de

racines, donne peu d'extractif mais n'est pas résineux, ce qui le fait préférer pour les préparations liquides devant rester limpides ; il est, d'ailleurs, riche en alcaloïdes.

Le calissaya roulé est fréquemment recouvert de cryptogames rouges (*Hypochnus rubrocintus*), ces végétations parasites se relèvent parfois pour former des expansions foliacées accompagnées de lichens filamenteux et ramifiés, de diverses nuances. On estime que plus les écorces de quinquina portent de ces productions cryptogamiques, plus on devra en apprécier la qualité.

Commercialement les calissayas sont classés suivant ces désignations : *Quinquina calissaya lourd avec épiderme* ; *id., lourd sans épiderme* ; *id., plat lourd avec épiderme ; id., plat lourd sans épiderme* ; *id., roulé demi-lourd avec épiderme* ; *id., plat demi-lourd sans épiderme* ; *id., roulé léger avec épiderme* ; *id., roulé léger sans épiderme* ; *id., plat léger sans épiderme* ; *id., croûteux* ; *id., brisé* ; *id., faux.*

On distingue encore les quinquinas sauvages et les cultivés.

Les calissayas légers sont des sortes sans valeur thérapeutique ; les demi-lourds leur sont un peu supérieurs ; les lourds ou durs sont les seuls officinaux.

Le quinquina croûteux présente des planches aplaties qui, au lieu d'être couvertes d'une écorce ferme, ont une croûte jaunâtre, tenace, pulvérulente et rouilleuse. C'est une sorte peu estimée.

Le quinquina calissaya faux offre des écorces roulées, conformes au plus beau calissaya, mais d'une couleur rougeâtre, consistante et spongieuse. Leur cassure est ligneuse et leur amertume persistante. Ce faux calissaya est quelquefois — pas régulièrement — très riche en quinine.

D'autres quinas jaunes ne se confondant pas avec les calissayas sont aussi sans mérite, tels, les « Carthagène » originaires de la Nouvelle-Grenade, et nous arrivant par le port de Carthagène. Leurs nuances et caractères variés prennent leur origine dans les diverses espèces de cinchonas d'où on les retire.

Une autre espèce de la Nouvelle-Grenade dénommée « Quinquina maracaïbo » ou « Quinquina Carthagène jaune » est une sorte tout à fait inférieure ; elle serait produite par le *Cinchona cordifolia.*

Au nombre des calissayas légers du commerce, que l'on mélange et que l'on substitue au calissaya vrai, M. Planchon signalait dans son Traité des drogues simples, comme étant le plus commun, le « Quinquina rouge de Cuzco », donné par le *Cinchona scrobiculata*, qu'on exploite dans les forêts de Santa-Anna, province de Cuzco (Pérou). Les feuilles de cette espèce sont marquées au-dessous de petites fossettes (scrobes) hérissées de poils.

Citons encore pour sa rareté, le « Quinquina blanc » dû au *Cinchona macrocarpa*, qui n'est guère connu dans la droguerie que par des échantillons. Il ressemble aux quinquinas gris ordinaires, mais son intérieur est blanc basané ; sa saveur est amère, acerbe et désagréable, sans astringence. Ses décoctions ont des propriétés savonneuses, ce qui ferait admettre qu'il contient de la saponine.

Bien d'autres variétés encore sont définies par les auteurs ; celles ci-dessus sont les plus ordinairement rencontrées dans le commerce, et encore quelques-unes y sont-elles rares.

On y trouve non seulement de fausses espèces, mais encore de faux quinquinas, donnés par des végétaux plus ou moins éloignés de la même famille.

Citons par exemple, le « Quinquina Piton » et « Quinquina de Sainte-Lucie » provenant d'une rubiacée des Antilles, l'*Exostemma floribunda*. On les reconnaît à leur minceur, à la couleur noirâtre de leur face interne et à leur amertume désagréable ; le « Quinquina caraïbe » ou « Quinquina des Antilles », ou « Quinquina de la Jamaïque », en écorces brun noirâtre ou rouge extérieurement, jaune foncé verdâtre à l'intérieur. Sa saveur d'abord sucrée devient bientôt d'une amertume désagréable, et la salive devient jaune verdâtre. Il serait produit par l'*Exostemma caribœum*. Le « Quinquina Nova », ou « Quinquina rouge de Mutis » qu'il importe de ne pas confondre avec le quinquina rouge véritable ; il provient de la Nouvelle-Grenade et est produit par le *Cascarilla magnifolia*. Il est en morceaux cintrés de 5 à 6 centimètres d'épaisseur, ou en branches roulées, de 1 à 2 centimètres ; la surface externe est d'un rouge vineux ou bleuâtre, l'intérieur plus foncé est rouge-brun ; la tunique cellulaire gorgée de sucs gommo-résineux, acquiert une dureté caractéristique. La saveur est astringente.

L'*Angustura vera* (plusieurs variétés), était autrefois confondue avec les quinquinas ou substituée à eux sous le nom « Quinquina pitajo » ou « pitaya »; cette fraude est abandonnée ; pour l'éviter, le gouvernement, en Autriche, avait donné l'ordre de faire brûler toutes les angustures que l'on tenterait d'y introduire.

Les « Quinquinas Jaën » ou « pseudo-loxa » étaient considérés comme de faux kinas, car ils contiennent un alcaloïde spécial, « l'aricine » mais ils appartiennent bien, en plusieurs variétés, au genre cinchonas : le *Cinchona pubescens*. Ce sont toutefois des sortes sans valeur, mêlés quelquefois aux vrais loxas.

« L'Ecorce d'Arica » dite aussi « Quinquina de Cuzco », bien qu'elle soit d'une espèce distincte, et qu'il ne faut pas confondre avec le quinquina rouge de Cuzco, ou quinquina « scrubiculé » cité plus haut, contient surtout cet alcaloïde : l'aricine, qui pour n'être pas de la quinine, a néanmoins des propriétés intéressantes et marquées que M. Landrin vient de déterminer dans un mémoire sur cet alcaloïde et sur l'écorce d'Arica ; ce travail et les produits dérivés de l'arica figuraient dans l'Exposition de M. Landrin.

Les sortes de quinquina les plus courantes en droguerie, et leurs emballages, sont :

Loxa sauvage, en suron de 50 kilogrammes.
Loxa cultivé, en balle de 100 kilogrammes.
Huanuco sauvage, en suron de 50 kilogrammes.
— cultivé, en balle de 30 kilogrammes.
Calissaya cultivé, plat, prima en planches, en balle de 25 kilos.
— demi-dur, en balle de 30 kilogrammes.
— sauvage, plat, dur, en suron de 45 kilogrammes.
— — roulé, en balle de 40 kilogrammes.
— cultivé, plat, en balle de 25 kilogrammes.
— — roulé, de Bolivie, en balle de 25 kilogrammes.
Carthagène, en planches, en balle de 40 kilogrammes.
Java (fragments), en balle de 75 kilogrammes.
Rouge Ceylan, en balle de 120 kilogrammes.
— sauvage, des Indes, en caisse de 25 kilogrammes.
— écorces de racine, en balle de 100 kilogrammes.
Ledgeriana, en balle de 90 kilogrammes.
Succirubra, en balle de 125 kilogrammes.

Mais les acheteurs au suron ou à la balle n'ont pas les écorces telles qu'elles étaient dans les colis d'origine ; les intermédiaires dépotent la marchandise, font un tri par grosseurs de planches ou de tuyaux, les dépoudrent par criblage, etc., et les réemballent après classement dans les surons ou balles ; ce qui n'est, du reste, qu'une opération licite et favorable à l'acheteur.

Mais il n'en est pas de même lorsque les revendeurs de deuxième ou de troisième main « font une toile » : dans leur langage imagé, faire une toile, c'est étendre sur le sol une bâche (toile), y répandre des quinquinas d'apparence à peu près semblables, et mélanger le tout à la pelle. Le mélange, qu'ils appellent « salade », est vendu sous le nom de la sorte la plus recommandable qu'il contient.

Récolte et plantations. — Trois phases sont comprises dans la production des quinquinas :

1° Les cinchonas, ou arbres à quinquina poussent d'abord à l'état sauvage ; les chercheurs de cinchonas, les « cascarilleros » parcourent les forêts, découvrent un arbre à quinquina ; aussitôt ils l'abattent, le dépouillent de son écorce et abandonnent sur place le reste du bois.

Avec une étonnante acuité de vue, le cascarillero découvre la cime d'un cinchona, à d'énormes distances. L'arbre visé est abattu, on se jette sur son cadavre, qu'on dépouille brutalement, gâchant l'écorce. Avec un maillet, on percute l'arbre, on fait le « périderme », on met l'écorce à nu, qu'on nettoie avec une brosse rude. Divisée en planchette, elle est séparée du tronc par une lame tranchante.

Les minces planchettes exposées au soleil s'enroulent sur elles-mêmes, et constituent le quinquina roulé. Celles des troncs donnent le quinquina plat, soumis en séchant, à une forte pression.

Mais cela est un mode de récolte barbare qui aurait bientôt amené la destruction de l'espèce, car cet abatage continu n'est compensé par aucune tentative de reproduction. Tous les bois de quinquinas situés à proximité des villages ont disparu, et c'est au loin, en s'aventurant à travers d'immenses solitudes que les cascarilleros s'en vont chercher la « plante divine ».

2° Les intéressés se sont préoccupés d'une telle dévastation ; ils ont songé à planter et à élever les cinchonas, pour reconstituer les pertes.

Le gouvernement hollandais, dès 1852, a fait opérer d'importantes plantations à Java ; des entreprises particulières ont, de leur côté planté des quinquinas aux Indes, en Bolivie, au Pérou, à la Réunion, à Maurice, sur l'Hymalaya. Partout l'arbre de vie s'est développé admirablement.

La France a planté des cinchonas en Algérie, la Russie au Caucase, mais leurs produits ne sont pas encore connus dans le commerce.

Ce n'est pas seulement l'abondance, c'est la qualité que nous procure cette nouvelle culture. Les quinquinas cultivés sont beaucoup plus riches en alcaloïdes que les sortes sauvages. Alors que ces derniers donnaient au maximum de 50 à 60 grammes de sulfate de quinine (et encore les plus riches, car certaines sortes n'en contiennent que des traces), les quinquinas cultivés titrent aisément 60 à 75 grammes. Les sortes consacrées à la fabrication du sulfate de quinine fournissent même de 90 à 120 grammes de sulfate par kilo.

Il semble donc que nous n'ayons plus à nous préoccuper de l'avenir du quinquina.

3° Cependant il faut encore sacrifier l'arbre, et bien qu'on puisse le remplacer, c'est toujours une perte regrettable, et longue à compenser, car la croissance d'un arbre exige des années.

Une idée surgit : celle de faire écorcher les cinchonas sur pied, ainsi que cela se pratique pour les chênes-lièges. L'écorce s'enlève, le végétal reste vivant ; c'est une récolte qui se renouvelle, un revenu qui se répète.

Ces essais sont relativement récents, et les résultats ont déjà surpassé toute attente.

Les produits n'apparaissent pas encore dans la consommation, mais nous avons vu à l'Exposition de 1900, des écorces de « quinquina *renouvelé* » en longs tuyaux de 1 m. 50, provenant de Ceylan et reconstituées après quinze mois, assurait-on, d'un précédent écorchage.

Cette écorce avait déjà une bonne épaisseur, et ce qui est plus heureux encore, son titre en sulfate de quinine serait assez élevé ; il atteindrait 60 grammes, d'après une analyse qui avait été faite par M. Armet de Lisle (1).

(1) Il est peut-être superflu de dire que la quinine ne se trouve pas dans les quinquinas à l'état de sulfate, mais les négociants annonçant les titres sous cette forme pour se rapporter directement aux rendements en fabrique, et aussi parce que le chiffre fait plus d'effet que celui de la quinine même, qui serait nécessairement inférieur.

Voilà donc la troisième phase de la génération des quinquinas ; elle est pleine de promesses, mais nous devons ajouter que voilà bien une vingtaine d'années que nous avons entendu parler et vu des échantillons de quinquina « renouvelé », avant même qu'il eût figuré aux Expositions, et que, cependant, nous ne l'avons pas encore rencontré dans le commerce.

Revenant aux quinquinas cultivés, nous savons que Java est le principal centre des plantations néerlandaises ; le gouvernement hollandais y possède près de deux millions d'arbres et autant de jeunes sujets dans ses pépinières ; les cultures privées y comptent plus de trente millions d'arbres et arbrisseaux.

Mais, disait un rapport consulaire des Etats-Unis, document déjà un peu ancien (1899) : « Les résultats obtenus par les plantations gouvernementales ne justifient pas l'opinion généralement admise, que les entreprises privées sont mieux gérées. C'est ainsi que le gouvernement a réalisé pendant l'année 1896, un bénéfice de plus de 38.500 dollars, tandis que dans le même espace de temps, les planteurs n'ont eu à enregistrer aucun succès financier. »

L'exportation du quinquina cultivé, à Ceylan, serait de 15 millions de kilogrammes..

Nous trouvons dans un rapport de notre consul à Batavia, publié en 1903, une relation très détaillée de la *Culture du quinquina et de la production de la quinine à Java* ; c'est, en ce qui concerne notre sujet, un document des plus intéressants à reproduire, en l'émondant de quelques cotes commerciales du marché d'Amsterdam, qui n'ont plus d'à-propos, quoique le rapport soit de date peu éloignée, lui laissant toute son actualité quant aux procédés commerciaux se rapportant à la culture des quinquinas et à la fabrication de la quinine (1).

L'auteur disait :

La vogue toute nouvelle d'une variété de quinquina dont la culture, précédemment, ne semblait pas avantageuse, a été signalée par le Consulat dès la fin de 1901. C'est une hybride de *Cinchona officinalis* et de *Cinchona succirubra* ; elle porte le nom de *Cinchona robusta*.

(1) Il y a des rapports de même origine, plus récents, mais moins détaillés et circonstanciés.

Il y a dix ans, le directeur actuel des plantations de quinquina du gouvernement indo-néerlandais, M. Van Leersum, ne croyait pas encore devoir recommander la propagation de cette sous-espèce parce que l'alcaloïde prédominant des écorces qu'elle produit, la cinchonidine était alors presque sans valeur sur le marché. Mais plus récemment, la cinchonidine a trouvé faveur, à ce qu'il paraît, en thérapeutique ; on assure qu'elle rivalise maintenant comme objet de commerce avec la quinine, et par ce motif, M. Van Leersum n'hésitait pas à écrire dans un de ses rapports trimestriels : « Si les prix du sulfate de quinine venaient à subir inopinément une nouvelle baisse, le *Cinchona robusta* serait la bouée de sauvetage qui maintiendrait l'entreprise à flot. »

Il n'existait plus à Java qu'un petit nombre d'exemplaires de cette variété, sur les plantations du gouvernement. On s'est occupé d'en recueillir la graine et d'en lever des greffes ; les planteurs, avertis, ont commencé à semer ou enter de la *Cinchona robusta*.

Trois choses sont à considérer dans l'industrie javanaise du quinquina :

Les ventes de graines ;

La production et la vente des écorces ;

La fabrication et la vente du sulfate de quinine.

Il se tient à Bandong, une ou deux fois par an, des ventes publiques officielles de semences provenant des cultures de l'Etat. On peut aussi se procurer les graines de Ledgeriana, de Succirubra et de diverses hybrides (mais pas encore de robusta) par l'entremise de quelques particuliers, en consultant les annonces des journaux. Toutes ces graines coûtent fort cher ; ainsi, on a payé en 1901 aux enchères de Bandong :

Ledgeriana, de 105 à 200 florins le paquet de 25 grammes, ce qui donne au kilogramme une valeur de 8.610 à 16.400 francs (au lieu de 355 à 555 florins par paquet en 1900).

Hybrides de Ledgeriana, de 59 à 194 florins pour 25 grammes, soit, pour 1 kilogramme, de 4.838 à 15.908 francs.

Succirubra, de 9 fl. 25 à 24 fl. 50 le paquet de 50 grammes, c'est-à-dire de 370 fr. 25 à 1.004 francs le kilogramme (au lieu de 41 à 75 florins par paquet en 1900).

Il faut ajouter qu'un gramme de semence suffit pour obtenir un millier de plants.

Quant aux écorces, il n'y a pas de ventes publiques de ce produit dans l'Inde néerlandaise. Toute la récolte de Java, c'est-à-dire d'une part celle du gouvernement et de l'autre celle des planteurs, quinze ou seize fois plus considérable, est exportée à Amsterdam où le marché de quinquina, ouvert en 1870, a pris un développement tel qu'il défie toute comparaison et qu'il distance même de beaucoup celui de Londres.

Depuis 1888 il s'y effectue régulièrement dix ventes par année dans des magasins spéciaux fort bien organisés pour faciliter les analyses chimiques inséparables d'un tel genre de commerce. Il est en effet bien évident que ces écorces, par l'inégalité de leur valeur au point de vue de la fabrication du sulfate de quinine, se prêtent moins encore que d'autres marchandises à des évaluations de prix reposant sur leur poids.

La base des transactions se trouve donc dans un rapport directement proportionnel ; on paie autant de fois un certain prix pour n'importe quelle qualité, qu'un demi-kilogramme d'écorce contient de fois 1 % de sulfate de quinine. Cette quantité fixe de 1 % à la livre a reçu le nom d'unit (unité) et le prix variable de l'unit sert à établir les factures. Si, par exemple, la valeur de l'unit est 8 cents de florin, 500 grammes d'écorce devant produire 5 grammes de sulfate se vendront 40 cents et le kilogramme 80 cents, ou, au change de 2 fr. 05 qui peut être pris pour moyenne, 1 fr. 64.

J'ai déjà dit que la valeur officielle attribuée par l'administration des douanes indo-néerlandaise aux écorces de quinquina exportées de Java avait été, de 1895 à 1899 inclusivement, de 30 cents par kilogramme et qu'elle était remontée à 80 en 1900 (1).

C'était là une simple indication destinée à faire voir en passant combien le marché de ce produit venait de s'améliorer pour les vendeurs.

L'exportation d'écorces en 1901, a notablement surpassé celle de l'année précédente : 6.296.200 kilos au lieu de 5.328.000, d'après M. Maurenbrecher, sans les envois à Londres (2). Celle du mois de juillet 1902 serait la plus forte qu'on ait relevé jusqu'ici : 900.000 kilos au lieu de 788.500 en octobre 1901. Il

(1) Rapport annuel pour 1900, pp. 35 et 36.

(2) Annexe au *Bataviaasch Nieuwsblad* du 15 mars 1902.

n'est pas surprenant que ces quantités énormes jetées sans à-propos sur le marché aient écrasé les prix.

L'entreprise des plantations du gouvernement, qui après la première crise de cette industrie en 1895 menaçait de devenir onéreuse pour les finances publiques et que, par ce motif, on avait même failli transformer en simple station d'expériences avec un budget réduit, recommençait à donner de beaux bénéfices depuis la hausse dont il vient d'être question : 406.950 florins en 1899 et 450.000 en 1900. Elle se ressentira naturellement de la baisse actuelle.

Passons au produit essentiel du quinquina, le sulfate ou mieux bisulfate de quinine.

Pour s'affranchir, pensaient-ils, de la toute-puissance du *ring* des fabricants de quinine d'Europe, qui certainement visent à payer l'écorce de quinquina le moins cher possible, mais qui ne sont pas pourtant les premiers responsables de l'abaissement progressif de sa valeur marchande, les planteurs des régences de Préang (Java) résolurent, il y a quelques années, d'avoir eux-mêmes une fabrique à Bandong et de tenir à Batavia des ventes périodiques de sulfate.

L'établissement dont il s'agit, bien qu'appartenant à une société privée, a d'étroites relations avec le gouvernement, qui lui donne à traiter chaque année une partie de sa production, et depuis le 1er avril 1902, M. van Leersum, le directeur déjà nommé des plantations de l'Etat, a pris la direction technique de cette usine, à titre gratuit d'ailleurs. On a déjà proposé de la faire racheter par l'Etat, mais ce n'est encore qu'un projet en l'air.

La fabrique de Bandong a fait bonne figure à la dernière Exposition de Paris ; elle participera aussi à celle qu'on prépare au Japon : mais, pour exercer sur le marché toute l'influence attendue, elle devrait produire au moins 100.000 kilog. de quinine par an et le maximum a été d'environ 40.000, qu'on pourrait tout au plus porter à 50.000 sans élargir les installations existantes. C'est ce qui a été reconnu vers la fin de 1901 dans une réunion des principaux intéressés. Les planteurs continuent donc à se voir obligés d'exporter en Europe, sous formes d'écorces, le gros de leur récolte et ce qui se vend à Batavia de quinine obtenue dans le pays est relativement peu de chose. L'affranchissement rêvé demeure ainsi à l'état de rêve. Il a été vendu 29.505 kilog. en 1900 et 28.749 kilog. en 1901.

Le prix courant du sulfate préparé suit forcément, d'ailleurs, les variations du prix de l'unit à Amsterdam, c'est-à-dire du sulfate contenu dans les écorces. C'est ainsi que le kilogramme de quinine, qu'on a payé à Batavia, net, 22 fl. 50 en 1900 et 20 fl. 70 en 1901, vient de tomber, sous l'influence de la dernière baisse, à 13 fl.

On désigne les deux qualités de quinine offertes dans ces ventes par les mots : « Edition II » et « Edition III » suivant qu'elles sont conformes à l'une ou à l'autre des formules de la deuxième ou de la troisième édition de la pharmacopée néerlandaise.

. . . .

Pour conclure, le directeur des plantations du gouvernement avait raison de prévoir, dès la fin de l'année 1901, une baisse « inopinée » du prix mondial de la quinine. Il reste à savoir si la cinchonidine et la culture de la variété *Cinchona robusta* tiendront leurs promesses à titre de compensation.

D'après ce rapport de notre consul, il y avait vers 1902, date du document, surproduction et baisse des prix à Java, avec présomption de chute encore plus forte, c'est ce qui paraît s'être réalisé, suivant une note commerciale toute récente où nous lisons :

« La production du quinquina à Java subit une crise intense. Son grand marché est à Londres. Or, on a cultivé d'une façon si intense cet arbre à Java, que, de 5.073.000 kilogr. en 1901, on est monté à 6.424.000 en 1905, soit 251.100 kilogr. de sulfate de quinine et 321.000. Il y a un stock énorme à écouler en Angleterre, en Allemagne, en Hollande. Rien qu'à Londres, il est, en 1905, de 106.730 kilogr. de quinine. »

Titrages. — Les teneurs en alcaloïdes données par différents auteurs ne concordent pas toujours entre eux, ce qui s'explique aisément par l'inconstance de constitution des végétaux, d'après tous les aléas de leur croissance, qu'ils soient, d'ailleurs, ou non de mêmes origines.

Il n'y a pas non plus similitude dans les désignations botaniques, pour cette raison que nous avons déjà donnée que les nomenclatures et classifications varient d'un pays à l'autre, et quelquefois suivant l'arbitraire des auteurs.

Nous citerons les deux tableaux qui suivent :

1° D'après un traité de M. Georges Pennetier, professeur à

l'Ecole supérieure de commerce et d'industrie de Rouen, intitulé *Notes sur les Produits de Droguerie* :

Contenances en alcaloïdes pour 100 parties sèches.

Sortes de quinquina	Quinine	Cinchonidine	Quinidine	Cinchonine	Alcaloïde amorphe	Total
Cinchona calissaya microcarpia . . .	6.00	0.30	0.10	0.30	1.00	7.7
— lancifolia . . .	4.70	0.20	—	0.90	1.00	6.8
— officinalis . . .	4.60	0.60	—	0.10	1.00	6.3
— calissaya vera .	2.90	—	0.80	1.00	1.00	5.7
— hasskarliana .	2.90	0.40	0.40	1.50	0.60	4.9
— succirubra . .	0.80	4.00	—	2.00	1.50	8.3
— caloptera . . .	0.70	0.50	—	2.70	1.60	5.5
— calissaya josephina.	0.40	0.30	0.10	0.60	1.80	3.2
— paludiana . .	0.30	1.50	—	—	1.00	2.8
— micrantha . .	—	0.80	—	4.00	—	4.8

2° M. Eugène Gille, professeur à l'Université nouvelle de Bruxelles, a donné, vers 1899, les chiffres suivants, qui ont servi pendant plusieurs années à ses démonstrations faites aux conférences instituées par le Gouvernement pour les élèves droguistes.

Là, dit-il, se trouve une collection expédiée de Batavia par les agents du gouvernement hollandais, comprenant tous les organes de l'arbre à quinquina. Les écorces, dont la plupart présentent des caractères physiques se ressemblant beaucoup, sont loin d'être identiques par leurs constitutions chimiques.

Voici, du reste, le titrage des différents quinquinas composant cet herbier :

	Par kilogramme d'écorce	
	Sulfate de quinine crist.	Sulfate de cinchonine crist.
Quinquina huanuco plat (*Cinchona nitipa*). . .	6 gr. »	12 gr. »
— — — (*C. Peruviana*).	6 »	10 »
— — roulé (*C. Micrantka*)	2 »	8 10
— Calissaya plat (*C. Calissaya*)	20 30	6 80
— rouge de Cuzco (*C. Scrobiculata*). . . .	4 »	12 »

	Par kilogramme d'écorce			
	Sulfate de quinine crist.		Sulfate de cinchonine crit.	
Quinquina Calissaya de Santa-Fé (*C. Lancifolia*).	30	32	3	40
— jaune orangé roulé (*C. Lancifolia*) . . .	38	»	3	40
— — de mutis (*C. Lancifolia*) . .	12	32	»	»
— carthagène (*C. Lancifolia*)	16	20	»	»
— Pitayo (*C. Pitayensis*)	25	40	»	»
— — menu (*C. Pitayensis*)	40	»	»	»
— maracaïbo (*C. Cordifolia*).	2	30	10	12
— rouge vrai (*C. Succirubra*))	20	25	10	12

Commerce. — La première place commerciale pour les quinquinas est Amsterdam ; en second lieu vient Londres, mais ces marchés paraissent devoir se déplacer en partie au profit d'Anvers et de Brême, depuis l'ouverture des lignes subventionnées d'Allemagne à Ceylan.

Il arrive au Havre et à Bordeaux quelques balles et surons de quinquina.

L'importance de ce commerce sur les deux places : Amsterdam et Londres, peut être évalué à 15 millions de kilogrammes, représentant environ 50 millions de francs, dans lesquels il faut comprendre les sortes à fabrique.

Les statistiques des douanes donnent comme chiffre de l'importation en France des écorces de quinquina une moyenne, par année, de 1.100.000 kilogrammes livrés à la consommation, avec réexportation en nature, de 60 à 70.000 kilogrammes. Le premier de ces chiffres nous paraît plus faible que la réalité.

Pour ce qui est du mouvement d'affaires dans les lieux de production, nous nous référons à ce qui vient d'être dit sur Java.

Comme conclusion nous dirons : Ce n'est pas une dissertation méthodique de Quinologie que nous avons prétendu exposer ici, mais un recueil de notes et d'observations touchant les conditions économiques et un peu historiques dans lesquelles les quinquinas sont récoltés et offerts à la consommation. Nous n'avons pas eu l'idée présomptueuse d'en faire une étude scientifique, après celles si autorisées de plusieurs éminents botanistes.

OPIUM

L'opium est un autre produit de première importance en droguerie, non pour le chiffre d'affaires auquel il donne lieu, mais par l'universalité de son emploi, et par son action héroïque en thérapeutique, connue de tout temps.

Mais où sa consommation devient énorme, c'est dans l'emploi qu'en font les fumeurs, passion des peuples asiatiques, qui tend à s'infiltrer dans les nations occidentales, et qui déjà s'importe en France par les marins et fonctionnaires ayant passé ou séjourné parmi les populations jaunes.

Aucune substance pharmaceutique, peut-être, n'a donné lieu à autant de travaux scientifiques sur sa nature botanique, sa culture, sa composition, son titrage, sans parler de ses propriétés médicinales ; les résultats de ces travaux sont maintenant assez connus pour que nous puissions, en ce qui les concerne, nous borner à de courtes indications, et nous étendre davantage sur les faits d'ordre économique et pratique.

Origines. — L'opium médicinal est cultivé presqu'exclusivement dans le Levant : Turquie d'Asie, Égypte, etc., celui des fumeurs vient principalement des Indes, mais l'Asie-Mineure en fournit également.

Les anciens le connaissaient aussi : Théophraste, Dioscoride et Pline distinguaient parfaitement l'opium véritable, du suc extrait par décoction et compression : le « méconium ».

Les Arabes ont fait commerce de cette drogue, qu'ils nommaient « asioun »

Le berceau de la culture et de l'emploi de l'opium est l'Égypte, où son origine se perd dans la nuit des temps ; c'est de là que lui vient son nom ou qualificatif de « thébaïque », car il était surtout récolté dans la Thébaïde, contrée de l'Égypte méridionale, dont Thèbes était la capitale.

Longtemps ce fut le seul opium connu et par conséquent le

seul employé en médecine, et cependant il est fort médiocre, et pauvre en morphine. Sa faible teneur en alcaloïdes doit être prise en considération lorsqu'il s'agit de comparer avec les actuelles, nos vieilles pharmacopées.

Est-ce à dire que nos anciens appréciaient à leur valeur les propriétés de ce précieux médicament ; en avaient-ils même bien évalué le dosage ? Bouchardat en doutait et nous disait dans son *Formulaire Magistral*, édition de 1865, en parlant des polypharmaques succédant à Galien pendant une longue série de siècles :

« Toutes les plantes, tous les agents furent successivement employés... les substances énergiques furent associées par eux à des matières inertes et ridicules... et chose inconcevable, dans leurs commentaires, ils attachaient beaucoup plus d'importance aux premiers qu'aux derniers.

» Pour n'en citer qu'un exemple, nous dirons que dans la thériaque on avait admis l'opium, mais sans soupçonner l'importance de cet héroïque médicament ; ils attachaient beaucoup plus de prix à la chair des vipères qui venait se confondre dans cet électuaire fameux avec toutes les drogues de la matière médicale. »

Nous revenons aux lieux de récolte du *Papaver Somniferum :*

De l'Égypte, cette culture se répandit dans l'Anatolie, et convint merveilleusement non seulement au climat, mais encore aux conditions de viabilité de cette région.

Plusieurs localités de l'Asie Mineure sont dépourvues de moyens de communication économiques ; il est impossible d'exporter le blé, les frais de transport à la mer étant aussi élevés que le prix dela marchandise au port d'embarquement. L'opium, représentant une grande valeur sous un petit volume, peut supporter sans beaucoup d'inconvénient, des dépenses assez élevées avant d'arriver à la côte. Le pavot fournit en outre des graines produisant une huile employée sur place aux usages culinaires, ainsi qu'à d'autres emplois domestiques et industriels.

L'opium est assurément une des productions les plus importantes de la Turquie ; il s'y étend en dehors de son premier centre d'acclimatation ; dans le villayet de Mamuret-ul-Aziz, à Malatia, ainsi qu'en Macédoine, la culture du pavot fut introduite et l'on y recueille un opium très soigné, préféré même par les fumeurs, aux sortes jusque-là les plus estimées de l'Anatolie.

En Perse, la culture de l'opium donne lieu aussi à un commerce à considérer; ce produit est presque entièrement dirigé sur la Chine. C'est donc, on le voit, un opium à fumeries.

Mais la production la plus importante de ce genre est aux Indes. Dès le début du XVIe siècle, l'opium était cultivé dans ces vastes régions, au profit de la Compagnie des Indes-Orientales ; il constituait un monopole d'État, c'était une des principales exportations de l'Orient, et c'était encore la Chine, le plus important consommateur.

Cependant le gouvernement chinois, en vue de réagir contre la funeste habitude des fumeurs, voulut interdire l'importation de l'opium dans son empire, et en 1839, deux cents caisses de cette drogue, introduite en contrebande par les Anglais, furent jetées à la mer par les autorités chinoises.

Les Anglais firent, à ce propos, la guerre à la Chine, et ils furent vainqueurs. Ils inondèrent alors l'empire, de leur opium. Mais leur importation a diminué, les Chinois ayant trouvé l'idée de cultiver le pavot eux-mêmes et de s'intoxiquer avec l'opium national.

Cette culture a même pris d'importantes proportions dans l'Empire du Milieu, depuis un demi-siècle qu'elle y est établie, et la concurrence qu'elle fit à la marchandise anglaise fut une des causes tacites des campagnes de Chine auxquelles prirent part les Anglais, depuis les événements ci-dessus rappelés.

L'opium est encore cultivé dans le nord de l'Amérique, en Australie ; il pénètre dans l'Afrique orientale, dans le bassin du Zambèze, où cette culture est entreprise dans des conditions commerciales.

On a essayé, sans résultats encourageants, de produire l'opium en Silésie, en Autriche, en France, mais l'insuccès tient au prix de revient trop élevé, et non à la qualité du produit, qui est plutôt supérieure à ceux de l'Orient.

Opiums du Levant. — La *Turquie*, disions-nous, est le pays de l'opium médicinal ; Smyrne en est la première place commerciale, et Constantinople en est un marché secondaire traitant principalement des produits de Salonique.

Les contrées dans lesquelles se produit l'opium sont toutes à une certaine altitude ; ainsi Karahissar, le centre de la production du meilleur opium, se trouve à 1,008 mètres au-dessus du niveau de la mer ; on rencontre même des champs de pavots à 1,200 mètres, et aussi entre 600 et 700 mètres.

La culture du pavot pour l'extraction de l'opium est donc surtout répandue dans la partie élevée de l'Asie-Mineure, où règne un climat doux, et elle s'étend jusqu'à la frontière russe. Un climat chaud et sec n'est pas avantageux. En hiver, une épaisse couche de neige suffit pour protéger la plante contre un grand froid.

Le pavot se sème à la volée ; quand les plantes ont atteint 15 ou 20 centimètres, on éclaircit le champ de façon à ce que les pieds soient distants entre eux, de 75 centimètres. Nous passons sur les détails de la culture.

Lorsque la plante est entièrement développée, elle a alors une hauteur de 60 à 80 centimètres ; elle porte normalement de 10 à 20 capsules, dont le volume serait comparable à celui de nos pavots officinaux « petits-moyens », soit comme une orange mandarine. Leur teinte d'un blanc un peu fauve est généralement nette, sans taches noires.

Pour en recueillir le suc, on y pratique, en mai et juin, une incision superficielle faisant le tour de la capsule en une ligne qu'on pourrait appeler son équateur. L'incision se fait à la tombée du jour et le suc est recueilli le lendemain, dès le matin, en râclant la capsule avec toute espèce de lame ; on y emploie même des coquillages telles que les tests de moules.

Le premier suc obtenu, nommé « gobaar » est considéré comme étant le meilleur produit et c'est, d'ailleurs, le plus abondant ; de la même entaille ou d'une nouvelle incision, on recueille encore une petite quantité de suc, estimé de qualité moindre ; enfin une troisième émission se produit, ce qui permet d'obtenir trois espèces d'opium de valeur décroissante.

En pratique, le tout est mélangé.

Le mode de *préparation* de l'opium nous est donné par la maison H. Salle et Cie, qui, à propos de leur remarquable collection d'opiums figurant à l'Exposition universelle de 1900, ont publié sur l'*Histoire, la culture et les applications* de cette drogue, une brochure très documentée, où nous lisons :

« Le suc, au sortir de la capsule, a un aspect sirupeux (crêmeux). Au fur et à mesure qu'on le ramasse, on le laisse dans des terrines et on l'expose quelques heures chaque jour au soleil, et cela pendant une semaine au moins.

» A ce moment, l'opium de n'importe quelle provenance donne un déchet de 20 % et contient à peine des traces de morphine. Quinze jours plus; a rd, le déchet n'est plus que de 10 % environ et le rendement en morphine oscille entre 3 et 5 %, suivant qualités et provenances. Après un mois, le déchet est ramené à 5 % environ et le titrage en est de 5 à 8 %. Dans la suite, le déchet se réduit d'autant plus que les dépôts dans lesquels se trouve entreposé l'opium sont plus secs et plus aérés.

» Ce n'est qu'à partir du mois d'août, époque à laquelle on ne compte plus qu'un déchet de 1 %, que l'on peut se rendre un compte à peu près exact du titrage de l'opium.

» Suivant les provenances et qualités, l'opium à l'état naturel donne alors de 8 à 11 % de morphine.

» Au mois de septembre seulement, l'opium se présente à peu près sous son aspect commercial, mais déjà avant cette époque et aussitôt que le suc eut pris une certaine consistance, il a fallu s'occuper de le malaxer (pétrir), en y ajoutant le plus possible de salive, afin de lui donner de l'élasticité, et empêcher la fermentation, voire la moisissure...

» Les pains (boules), dont la forme et la grosseur varient d'après les pays producteurs, sont enveloppés dans des feuilles de pavot (pendant longtemps on a employé les feuilles de platane) et on les laisse exposés à l'ombre dans un endroit bien aéré. Lorsqu'ils sont suffisamment secs, on les met dans des couffes.

» Les couffes sont des paniers doublés intérieurement d'une toile blanche, et à l'extérieur, d'un gros feutre revêtu lui-même d'une toile grossière ; leur contenance est d'environ 75 kilos.

» Au fond de la couffe, avant d'arranger les pains d'opium, on jette une certaine quantité de rumex et on continue ainsi pour chaque rangée, à raison d'environ 3 kilos de rumex par couffe ».

[Ce rumex dont tous les auteurs parlent sans en spécifier l'individualité botanique, serait-il le *Rumex acutus*, dit aussi *Rumex patientia* (Patience commune), ou le *Rumex crispus* (Patience sauvage ou crêpue...) ? Ces deux espèces se plaisent dans les terrains humides, comme il est dit ci-dessus].

« Le rumex a la spécialité de maintenir l'opium en bon état, et d'empêcher non seulement les pains de coller les uns aux autres, mais aussi de moisir. Depuis que l'opium est connu, c'est toujours du rumex dont on s'est servi pour l'emballer et le conserver. Les anciens affirmaient même que cette herbe sauvage que l'on trouve sur les montagnes, ravins humides et terrains environnants, avait fait son apparition en même temps que l'opium dont elle est en quelque sorte l'accessoire indispensable. »

Toutefois l'opium de Perse nous arrive enveloppé d'un papier lustré, rouge ou rose, et attaché avec du fil de coton. Celui de Malwa (Indes), est recouvert d'une feuille mince de mica. En Chine, on l'entoure d'un papier entoilé.

MM. Salle et Cie ajoutent, d'après, disent-ils, les renseignements qui leur ont été fournis par leurs agents et correspondants des lieux de production :

« Une fois l'emballage fini, les couffes sont disposées dans des caves, des remises, pour être dirigées au fur et à mesure des demandes, sur les marchés indigènes d'exportation.

» L'opium, mis avec une quantité suffisante de rumex dans des caisses doublées de fer blanc et soudées, peut se conserver pendant de longues années ; mais il faut pour cela que les caisses soient placées dans des dépôts très secs, avec parquets en bois et de façon à ne pas se trouver en contact avec la pierre ou la maçonnerie. Ces caisses doivent être ouvertes au moins une fois l'an, les pains nettoyés, avec du nouveau rumex et réemballés ensuite avec soin, après avoir été exposés quelques heures à l'air.

» Dans ces conditions, on a vu des lots d'opium donner au bout de quinze ans un rendement aussi riche que le jour où ils avaient été emballés. »

Nous empruntons encore à MM. Salle et Cie les renseignements suivants, relatifs à la « visite » :

« L'opium se vend à Smyrne, à la *visite*. Cette visite est opérée par divers membres assermentés d'une famille israélite, qui se succèdent ainsi de père en fils depuis au moins 300 ans, et à laquelle acheteurs et vendeurs sont tenus de se soumettre sans appel, car la décision des visiteurs fait loi pour les parties. C'est un privilège qui leur est reconnu par le gouvernement Ottoman.

» Au moment de la livraison, les portefaix apportent les couffes et l'opération de la visite commence. La couffe étant ouverte en présence de l'acheteur et du vendeur, les pains d'opium sont versés par terre. Le visiteur, muni d'un couteau ordinaire, fait successivement à chaque pain une ouverture assez profonde, et un coup d'œil lui suffit pour classer immédiatement ce pain.

» Le seul droit qu'ait l'acheteur ou le vendeur, s'ils ne sont pas d'accord avec le visiteur, est d'exiger qu'il soit fait une nouvelle ouverture sur le pain en contestation.

» Une fois le travail terminé sur tous les pains contenus dans les différentes couffes, on pèse ceux reconnus de bonne qualité, et l'acheteur est tenu de les accepter : le reste est classé sous le nom d'écart ou de « chiquinti ». Si l'acheteur ne veut retirer des couffes que la qualité reconnue supérieure à la visite, il en a le droit, mais en surpayant.

» A Constantinople, où le commerce de l'opium n'existe guère que depuis 35 ans (1), il n'y a pas de visiteurs assermentés, mais seulement des courtiers spéciaux chargés ordinairement par les deux parties, d'examiner la marchandise achetée.

» La seule modification apportée ces dernières années au système de la vente de l'opium à la visite est celle-ci : comme il y avait souvent des contestations, il a été décidé que l'opium se vendrait *tel quel*, c'est-à-dire tel qu'il arrive de l'intérieur. Le visiteur se borne à écarter les pains reconnus de mauvaise qualité.

» Une couffe de *tel quel* se compose en moyenne de 40 à 60 % d'opium de bonne qualité, de 30 à 40 °/₀ d'opium moyen courant et de 3 à 10 °/₀ d'opium ordinaire ou écart.

» Bien que la chose soit contestée, on peut cependant affirmer que dans ces dernières années, les qualités d'opium de l'Anatolie se sont beaucoup améliorées, et que le titrage en alcaloïdes a sensiblement augmenté sur presque toutes les provenances. »

De sorte que suivant le mode d'examen adopté, l'opium se désigne commercialement : « Tel quel » ou « à la visite ».

La récolte de l'opium en Turquie est considérée comme moyenne lorsqu'elle atteint 6.000 couffes (environ 42.000 kilos); elle est insuffisante lorsqu'elle ne dépasse pas 4.000 couffes. Entre 8 et 9.000 couffes, elle est très abondante.

Sur 6.000 couffes, Salonique en fournit environ 1.350, et le reste de la Turquie produit le complément, soit 4.650 couffes.

(1) Aujourd'hui, 40 ans environ.

L'opium droguiste, le seul usité en pharmacie, compte pour 1.200 couffes environ, sur 6.000 vendues; le reste est pour les fumeries.

L'opium représente pour l'empire ottoman une exportation annuelle de 15 millions de francs en moyenne, somme qui fut plusieurs fois dépassée.

Dans un de ses bulletins de 1902, la Chambre de Commerce française de Constantinople disait :

1° Il existe deux qualités principales d'opium. Celui à la pâte tendre, où à pâte fine, appelé en anglais *Soft* et en turc *indjé mal* (marchandise légère). Cet opium est produit à Zileh, Tokat, Malatia, Hadjikeuy, Amasia, Erek, Harpouth, Yosgad et ensuite à Salonique (c'est-à-dire à Uskub et ses environs).

Cet opium *indjé* se distingue des autres qualités par sa pâte fine, élastique, donnant une tranche luisante. Ordinairement le pain est entouré dans une feuille couleur vert tendre. Il ne donne pas autant de morphine que les Baloukesser et Karahissar, mais contient d'autres alcaloïdes de plus de valeur. Il est destiné à être fumé par les Chinois. Les pains sont plutôt grands que petits.

Selon la récolte, le rendement en morphine varie ; l'opium de Malatia et similaire oscille entre 9 et 10 %: les autres pâtes tendres entre 10 1/2 et 13 %.

L'opium à pâte molle, à l'exception de celui dit de Salonique qui est expédié directement de ce dernier port, vient totalement à Constantinople d'où il est réexporté à l'étranger, car la Turquie n'en consomme pas.

2° L'opium produit à Baloukesser, Afion-Karahissar, Angora, Nalli-han, Lefké, Bilédjik, Gueïvé, Gueuyruk, Koniah, Kutahia, Beybazar (Bogaditch), Mihalitz, Sivri-Hissar, Eski-Chéir, etc., et celui récolté dans les environs de Smyrne : à Kirk-Aghatch, Islamkeuy, Tsal, Tawchanli, Mermeré, Aïdin, etc., porte le nom de *droguiste*. Il est employé pour les besoins de la pharmacie. Le grand marché de cette qualité d'opium est Smyrne.

L'opium droguiste contient de 9 1/2 à 11 % de morphine suivant récolte ; celui des environs de Smyrne est plus riche et titre de 10 1/2 à 12 %.

Dans ces opiums droguistes les provenances de Baloukesser et de Afion (1) Karahissar sont classées à part ; elles titrent ordinai-

(1) *Afion* en turc signifie opium.

rement plus de 11 % de morphine. La pâte est moins fine que le Malatia. Le Baloukesser se présente en pains de grandeur moyenne tandis que, dans le Karahissar, on trouve beaucoup de grands pains. La feuille servant d'enveloppe est de couleur vert foncé tirant quelquefois sur le jaune.

Les autres opiums droguistes se distinguent entre eux par la forme des pains et la couleur de l'enveloppe qui, parfois, surtout pour le Beybazar, est jaune pâle, mais diffèrent très peu comme pâte. Les opiums de Nalli-han, Bilédjik, Gueïvé, etc., sont de préférence en petits pains plus faciles à écouler par les détaillants.

L'opium récolté à Baloukesser, Mihalitz, Kutahia et au nord de ces localités, ainsi qu'une partie des récoltes de Karahissar et de Koniah, viennent trouver acheteurs à Constantinople, mais les communications par chemin de fer entraîneront peu à peu ces opiums vers Smyrne, où les frais de place sont, paraît-il, plus réduits que sur le marché de Constantinople.

Où va l'opium ? La plus grande partie de celui d'Anatolie est acheté par l'Amérique du Nord et sans doute la majorité des expéditeurs opèrent à la commission ; une quantité assez importante d'opium est expédiée à Londres; la Hollande achète de 300 à 900 caisses par an pour ses colonies; l'Allemagne importe un peu d'opium, et la France doit recevoir de 150 à 200 caisses de cette drogue venant de Turquie.

A ces renseignements tenus de source autorisée, nous ajouterons :

Les documents de la douane nous donnent comme chiffre de nos importations une moyenne annuelle de 9.000 kilos, livrés à la consommation (chiffre qui n'atteint pas les 150 à 200 caisses annoncées plus haut). Notre exportation en nature serait d'environ 500 kilos.

A l'importation en France, cette marchandise subit un droit de douane de 100 francs les 100 kilos, aux deux tarifs (général et minimum) et sur son poids net.

La seule sorte à peu près consommée en France est celle dite « Yerli »; c'est un opium de très bonne qualité. Son nom n'indique pas une région d'origine ; il provient de tous les lieux spécifiés ci-dessus comme produisant l'opium droguiste. Le Yerli correspond à notre titrage officinal, d'environ 10% de morphine.

Cette qualité, d'ailleurs, est adoptée par la droguerie et la pharmacie universelles.

Elle nous arrive en caisses doublées de fer blanc contenant de 70 à 80 kilos d'opium, dont les pains, de volumes assortis, pèsent de 200 à 700 ou 800 grammes.

Il nous vient aussi quelques caisses de Karahissar, à destination inconnue : peut-être pour des fumeurs.

L'opium de Smyrne étant le seul qui dût nous arrêter un peu longuement, nous serons plus concis sur les autres sortes du Levant.

L'opium de *Constantinople*, dont nous avons vu plus haut les principales provenances, est en pains de 250 à 300 grammes, de forme variable, avec peu de semences de rumex, enveloppés de feuilles de pavot, ou bien en petits pains de 80 à 90 grammes, aplatis, lenticulaires, toujours enveloppés d'une feuille de pavot, dont la nervure médiane déprime le pourtour.

Il est plus brun que celui de Smyrne, et d'une odeur plus faible ; il contient beaucoup de mucilage et est moins riche en morphine : 5 à 10 %, à l'état de sulfate.

Le Thébaïque ou opium d'*Egypte* est en pains arrondis, aplatis à leurs pôles, larges de 6 à 10 centimètres, réguliers, propres, couverts de feuilles dispersées ; il est d'un rouge noirâtre, d'odeur peu vireuse et plutôt fétide ; il se ramollit à l'air libre au lieu de se dessécher; sa surface est poisseuse. Lorsqu'il est ferme, sa cassure est nette et luisante.

Sa richesse en morphine est très faible : 3 à 6 %.

La production égyptienne diminue sans cesse ; elle serait actuellement de 2.000 kilos en moyenne.

L'opium de *Perse* est en briques un peu en tronc de pyramide, de une livre anglaise, ou plus rarement maintenant en bâtons cylindriques, longs de 10 à 15 centimètres, enveloppés de papier ; il est cassant, peu coloré, presqu'entièrement soluble dans l'eau ; roux, amer, âcre, vireux et assez riche en morphine : 10 à 12 %.

On manque de chiffres certains sur la quantité d'opium produite en Perse ; on l'estime à environ 350.000 kilogr. dont une très grande partie va en Chine, le reste étant expédié sur l'Angleterre.

Le gouvernement persan encourage sa culture qui lui rapporte de grands bénéfices, et l'opium est particulièrement soigné par les producteurs.

Ceci clôt la série des opiums du Levant.

Opium de l'Inde. — Ce produit est peu connu en Europe pour les motifs que nous verrons à la fin de cette note le concernant ; aussi les documents manquent-ils.

Cependant MM. Salle et Cie ont pu obtenir des renseignements, publiés dans leur brochure plus haut citée, sur l'histoire, la culture, etc., de l'opium ; nous en extrayons ces passages :

« La culture de l'opium aux Indes, comme drogue médicinale, a été connue de temps immémorial...

» Jusqu'en l'an 1767, l'exportation annuelle en Chine ne dépassait pas 200 caisses. Cela montre bien à quel point la culture du pavot était limitée il y a 130 ans (1).

» Le commerce de l'opium aux Indes ne porte que sur les trois qualités suivantes : Malwa, Patna et Bénarès. La dénomination de Malwa s'applique à tout opium provenant de Baroda, Indore et Rajputana.

» On peut classer l'opium indien de cette façon : En premier lieu vient la qualité Malwa qui titre environ 8 % ; ensuite celle de Patna ne donnant guère au-delà de 6 %, et enfin, la qualité Bénarès avec 4 % de morphine.

» Mais précisément à cause de ce faible titrage, l'opium des Indes est très recherché par les fumeurs, qui en apprécient la saveur et le parfum.

» La culture du pavot aux Indes commence dès le mois de décembre. Ce n'est qu'en avril que l'on procède aux incisions, qui traînent jusqu'en juin.

» L'opium brut se présente à l'état de sirop épais, mais pour l'exportation on lui fait prendre la forme de boules et on lui donne alors la dénomination technique d'*opium de provision*.

» Chaque boule pèse 3 1/2 livres anglaises (1 kilo 580). Elles sont réunies par quarante dans des caisses pesant chacune 140 livres (63 kilos 500).

» L'opium pour la consommation indienne est appelé *opium d'excise*. On le vend en paquets cubiques du poids de 1 « seer » (environ 12 onces). »

MM. Salle et Cie donnent des chiffres de statistique par surface de terrains employés à la culture, et leur rendement, d'après des données officielles déjà anciennes, 1894-95, les seules connues lorsque ces auteurs ont rédigé leur travail.

(1) Disons aujourd'hui, 140 ans.

En interprétant ces quantités d'une façon approximative, et en faisant la conversion des poids anglais, tout en arrondissant les sommes, on pourrait proposer les chiffres suivants comme production annuelle des trois qualités d'opium indien :

Patna........................	86.000 kilos
Bénarès	102.000 —
Malwa........................	160.000 —
Production totale.......	348.000 kilos

Et encore, pour la sorte Malwa, les chiffres ne sont-ils que des probabilités, car cet opium est cultivé dans les états indigènes sur lesquels on ne possède pas de statistique.

MM. Salle et Cie terminent comme suit leurs inédites indications sur l'opium des Indes :

« Les exportations se font principalement par Bombay, Calcutta et Rangoon, et l'opium est généralement dirigé sur Hong-Kong et Shanghaï.

» Toutes nos tentatives pour nous procurer l'opium de Bénarès, Patna et Malwa ont été infructueuses, la douane du gouvernement indien ayant arrêté tous les envois que nous avaient adressés nos amis ; même les petits échantillons envoyés par la poste ont été saisis, l'opium de ce pays ne devant pas être exporté en Europe. »

Opium de Chine. — Nous extrayons du *Pharmaceutical Journal* (année 1898), les renseignements suivants, qui, on le sait, n'abondent pas sur ce sujet. L'auteur est M. Franck Browne :

Il suffit d'examiner les divers rapports consulaires pour constater que l'opium indigène tend à supplanter rapidement l'opium d'importation.

Un des motifs de cette évolution est que l'opium de Chine répond à toutes les conditions que l'on exige généralement de ce produit, et que son prix est très bas. L'opium de meilleure qualité n'est plus importé que comme article de luxe.

Dans un Rapport publié en 1892, le professeur Attfield fait remarquer qu'un grand nombre de médecins prescrivent indifféremment l'opium turc à 10 % de morphine et l'opium de l'Inde à 5 ou 6 % de morphine, et que, à doses égales, les deux produits ont des effets sédatifs absolument semblables.

Il est bon de rappeler que la proportion de morphine n'est pas le seul point à considérer, lorsqu'on détermine la valeur d'un opium à fumer. On sait, en effet, que certains opiums faibles en morphine sont cependant préférés à d'autres produits plus riches.

Les échantillons que j'ai examinés venaient respectivement des provinces de Kwei-chou, Yunnan et Szechuen. Ils provenaient de la récolte de 1893 et m'avaient été obligeamment fournis par M. E. Hobson, commissaire des douanes à Hong-Kong. Le prix de ces opiums varie de 14 à 18 taels (monnaie) les 100 taels (poids) (1).

L'opium de Kwei-chou est vendu en gâteaux aplatis, de forme ovale et pesant un *catty* (environ 540 grammes). Chaque pain d'opium est enveloppé à la manière chinoise, dans deux feuilles de papier-toile blanc recouvertes d'une feuille de papier brun portant une étiquette sur laquelle sont inscrits, en caractères chinois, le nom de la province et celui du marchand. L'opium lui-même est brun foncé, gras au toucher, assez dur. Sa cassure est granulée et son odeur fortement narcotique.

L'opium du Yunnan est empaqueté comme celui de Kwei-chou. Il est absolument noir, assez dur, mais non pas gras au toucher. Son odeur est agréable.

L'opium de Szechuen est tellement mou qu'on l'enveloppe de dix feuilles de papier-toile afin que les pains ne se déforment pas. Le poids du papier n'est donc pas à négliger lorsqu'on achète cet opium. Il représente, en effet, 20 % du poids total. Le produit lui-même est noir, lisse, plastique et d'odeur agréable. Il renferme de petits fragments de papier disséminés dans toute la masse. Enfin, il n'est pas gras au toucher.

L'examen de ces différents échantillons a donné les résultats contenus dans le tableau ci-joint.

[L'auteur n'y a pas trouvé d'impuretés telles que l'amidon, le sucre, la gomme, le tannin, etc.]

(1) 1 *tael* (monnaie) = 7 fr. 25 ; 1 *tael* (poids) = 34 grammes.

Composition de l'Opium de Chine

Les résultats sont calculés pour 100 parties d'opium séché.

	Kwei-chou	Yunnan	Szechuen
	—	—	—
Morphine	4.321	9.487	11.271
Narcotine	1.968	6.151	6.612
Papavérine	0.848	0.404	0.334
Narcéine	0.692	0.562	0.769
Thébaïne	0.901	0.817	0.763
Codéine	0.065	0.157	0.181
Insoluble dans l'eau froide	51.620	40.50	44.19
Humidité	24.830	29.72	38.21
Cendres	4.58	3.13	2.24

J'ai déjà dit que la valeur de l'opium, comme substance à fumer, ne dépend pas de sa teneur en morphine. D'après le *Chinese Observer*, une comparaison de trois extraits aurait indiqué celui de Kwei-chou comme étant le meilleur et le plus fort; puis viendrait l'extrait du Yunnan avec la seconde place comme force et comme qualité. Enfin, l'extrait de Szechuen serait de beaucoup inférieur aux deux autres, bien qu'il renferme une proportion de morphine beaucoup plus forte que celui de Kwei-chou.

MM. Salle et Cie, avaient dans leur Exposition, en 1900, quatre types venant du Yunnan. Cette province, disent-ils, d'après les statistiques chinoises, figure pour un tiers dans la production totale de l'empire.

Voici les résultats des titrages de MM. Salle et Cie :

Quang-Han-Plu	9 » %	morphine.
Thong-Hoï	10.50 %	—
Khai-Hoa	4.80 %	—
Tao-Ily	5.50 %	—

Annam. — Les populations de l'Annam et du Tonkin sont aussi de grands fumeurs d'opium. D'après une communication des

Douanes et Régies de ces pays, citée par la même brochure de MM. Salle et Cie, il résulterait que la consommation se traduit par le chiffre d'environ 53.330 kilogrammes (2 millions de taëls de 37 gr. 5).

Sur cette quantité, dit la même communication, 650 taëls seulement sont fournis par la régie. La régie pourvoit elle-même à ses approvisionnements au moyen d'achats d'opiums bruts, qu'elle prépare dans sa bouillerie à Haïphong.

Les qualités employées sont le Bénarès, le Yunnan, le Sezchuen. (Ces deux dernières qualités sont médiocres et sont rarement employées. La régie ne les achète, du reste, que dans le but d'enlever un élément à la fraude...)

La régie achète encore le « dross » (résidu d'opium provenant des fumeries) de Bénarès, employé comme mélange pour parfumer les opiums du Yunnan.

Il est procédé à une cuisson journalière de 3.000 taëls environ d'opium brut : Bénarès seul pour les qualités de luxe, les autres sortes additionnées de dross pour la consommation courante.

La cuisson terminée, le produit est versé dans des récipients en fer, où il fermente pendant 20 à 30 jours ; il est ensuite mis en boîtes pour la vente en détail.

Les capacités adoptées par la régie du Tonkin, pour ses ventes aux consommateurs, sont de 1, 2 et 5 taëls (37 gr. 5, 75 gr. et 187 gr. 5) : en pots de porcelaine pour le Bénarès et en boîtes de fer blanc pour le Yunnan.

Ainsi préparé et présenté, l'opium de la régie du Tonkin est considéré par les amateurs comme étant de bien meilleure qualité que celui provenant de la manufacture de Saïgon.

Le titrage en morphine des produits ci-dessus varie de 9 à 11 %.

Opium de Zambésie. — Le bassin du Zambèze est en Afrique, au sud de l'Equateur, région montagneuse et humide, se prêtant bien à la culture du *papaver*, qui y fut acclimaté.

M. P. Guyot a fait dans le *Répertoire de Pharmacie* (année 1887) une relation de cette entreprise en Zambésie ; nous en extrayons les indications qui suivent :

La graine de pavot, étant extrêmement ténue, est, avant les semailles, mélangée avec une certaine quantité de terre. Les plants lèvent au bout de quatre ou cinq jours ; lorsqu'ils ont atteint une hauteur de 25 à 30 centimètres, on éclaircit de manière à ne laisser qu'un pied par 4 à 5 décimètres carrés.

On sarcle et on butte. Alors apparaît la fleur, puis vient ensuite la capsule ; c'est le moment de recueillir l'opium.

Vers une ou deux heures de l'après-midi, on pratique sur chaque capsule trois ou quatre incisions. Le lendemain matin, des ouvriers viennent recueillir le produit écoulé ; ils le versent dans des cuvettes en métal qu'ils transvasent ensuite dans des caisses en fer blanc doublées de bois, qui, remplies aux trois quarts, contiennent chacune environ 60 kilos d'opium.

La capsule d'où le produit a été tiré achève de mûrir, et vers la fin de septembre, on la fait sécher, puis on la bat pour en extraire la graine.

A Chaïma, l'opium est récolté 75 jours environ après les semailles, tandis que dans l'Inde il faut près de 90 jours. Le produit à l'hectare est de 55 à 60 kilos d'opium brut, alors que la moyenne dans l'Inde est de 50 kilos.

L'opium recueilli se conserve indéfiniment dans les caisses dont nous avons parlé, et à découvert. Il exhale une légère odeur *sui generis* ; mais ce n'est pas en cet état de pâte visqueuse qu'il est livré au commerce ; il n'est bon ainsi que pour les pharmacies. On le brasse ordinairement avec des matières dont on ne nous a pas fait connaître la nature, et on en forme des boules du poids invariable de 500 grammes.

Les proportions employées pour le mélange sont de 20 % d'opium pur et de 80 % de matière inconnue.

[La quantité d'opium nous paraît bien faible : ces chiffres ne seraient-ils pas inversés ?...]

Ces boules sont soigneusement mises dans des caisses qui en contiennent 70 kilos. L'emballage se fait avec minutie : au fond de la caisse on met un lit de poussière obtenue en broyant les capsules vides et les feuilles de pavot, puis un lit de coton indigène ; par dessus, on pose les pains d'opium et l'on continue la même disposition jusqu'à ce que la caisse soit remplie.

L'opium ainsi préparé est envoyé dans l'Inde.

Dans l'année envisagée (1880) la production de la Zambésie aurait été d'environ 11.000 kilos, fournis par l'unique usine connue dans la région, et la première qui introduisit ce genre de culture en Afrique ; c'est-à-dire, la Compagnie Raposa. D'après la relation de M. Guyot l'exploitation prendrait graduellement de plus grandes proportions.

Affium ou opium indigène. — M. Aubergier, professeur à l'Ecole de médecine et de pharmacie de Clermont, s'était beaucoup occupé des végétaux somnifères ; il créa le Lactucarium, et étudia à fond les conditions de production de l'opium ainsi que les qualités que devait réunir ce produit. Grâce à ses travaux et à son insistance, et faisant remarquer les écarts très grands (2 à 15 %) dans la teneur en morphine des opiums alors en usage dans les pharmacies, il fit adopter un titre officinal de 10 %, qui est maintenant obligatoirement imposé aux pharmaciens.

Aubergier démontra, en outre, qu'on pouvait récolter un tel produit sur notre sol; lui-même entreprit des cultures, favorisées par les régions montagneuses du Puy-de-Dôme, et il obtint un opium comparable, sinon supérieur, aux bonnes sortes du Levant.

Il nomma son produit *affium*, ce qui est, d'ailleurs, le nom des opiums purs ; c'est celui donné par les Orientaux au produit provenant des incisions du pavot, sans mélange de substances étrangères. Ils disent « afion ».

La variété de pavot cultivée pour l'obtention de cet opium indigène est le « pavot pourpre » donnant un produit qui contient assez régulièrement 10 % de morphine. Nous verrons, d'ailleurs, que cette proportion est dépassée.

Aubergier fit aussi cette remarque, que le moment le plus favorable pour l'incision de la capsule n'est pas celui de la complète maturité du fruit, mais alors que la capsule prend une teinte intermédiaire entre le vert et le jaune fauve. En effet, l'opium obtenu d'une même variété de pavot contient des proportions de morphine d'autant plus faibles que la capsule approche davantage de la maturité au moment de la récolte.

Les procédés de culture du pavot pourpre, et de récolte de l'affium, sont inspirés des méthodes orientales, et tous les traités de matière médicale les indiquent.

L'opium indigène ne s'est pas répandu dans le commerce. Faute peut-être d'une exploitation assez largement établie, il revient à des prix plus élevés que dans les pays habituels de production, mais nous avons eu en mains de l'affium préparé par Aubergier lui-même.

C'était une pâte demi-molle, de la consistance des extraits fermes (non secs) de pharmacie. Son titrage nous a donné la teneur élevée de 17 % de morphine.

Le pavot-œillette donnerait, d'après MM. Bénard et Deschamps, d'Amiens, un opium contenant 16 % de morphine, sans nuire à la récolte des graines destinées aux huileries (1).

Il n'en résulte pas que les sucs de nos pavots indigènes soient plus riches que ceux du Levant ou de l'Inde, seulement ils n'étaient pas, lors des analyses, affaiblis par incorporation de matières étrangères.

Opium mou. — C'est ainsi encore que l'on trouve actuellement dans le commerce, un *opium mou*, exotique, de la consistance des extraits pharmaceutiques mais titrant 9 %. Si ce produit était amené à la concentration ferme des opiums en pains, son titre remonterait à 11 ou 12 %.

L'opium mou est livré en boîtes de fer blanc de la contenance de 1 kilogramme. Sa couleur est jaunâtre et brunit à l'air; son odeur est franche, vireuse, suave, rappelant celle des meilleurs opiums. Vu en transparence sous une faible épaisseur, il est remarquable par l'absence de matières étrangères, débris de plantes, sable ou autres.

De tous ces caractères il résulte que l'échantillon examiné est remarquablement pur, et bien supérieur à ce point de vue aux meilleurs opiums en pains livrés à la consommation (2).

Nos opiums indigènes sont pourtant d'un plus grand rendement, il se peut que cet opium mou ne provienne pas des sortes les plus riches, malgré ses qualités.

Fraudes et manipulations. — Si les opiums indigènes, ou les exotiques sous forme molle, ont ainsi des teneurs aussi élevées, c'est disions-nous, qu'ils ne sont pas chargés de matières étrangères. Nous savons que les opiums en pains contiennent une forte proportion de ces mélanges, puisqu'ils ne donnent, en général, que la moitié de leur poids d'extrait.

Dans les pays de production, les opiums sont mélangés, mani-

(1) L'huile qu'on en extrait est dite « huile blanche » ou « d'œillette »; ce dernier nom vient de l'italien *olietto*, petite huile.

(2) *Bulletin de la Société de Pharmacie de Bordeaux*, année 1888. Extrait.

pulés — nous l'avons déjà vu — de façon à les amener aux titres réclamés par leurs destinations, et peut-être plus encore dans un but de fraude.

Nous avons, plus haut, cité un article du *Bulletin de la Chambre de Commerce française de Constantinople*; le même document nous dit :

« Les fraudes dont l'opium est l'objet sont multiples et difficiles à reconnaître lorsque cette drogue est fraîche ; la plus primitive est une addition de terre. Du reste il peut entrer un peu de terre dans l'opium sans que le producteur ait eu l'intention de frauder.

» On ajoute aussi à l'opium des graines de pavots en poudre, du raisiné, de la pâte de prune ou d'abricot, du jaune d'œuf, de la gomme, du miel, du *tsirich* (colle de cordonniers), de la farine, de l'arrow-root, de l'ocre destinée à donner une couleur jaunâtre ou rougeâtre, etc. Il y a bien l'analyse chimique, mais le temps fait généralement défaut pour la faire et elle n'a de valeur que si elle porte sur au moins 50 pains.

» L'opium est un des articles qu'il est le plus difficile de bien connaître. Pour distinguer le bon du mauvais, il faut beaucoup d'habitude et une grande expérience, mais là où la tâche devient très ardue, c'est pour déterminer la valeur de divers opiums inférieurs ; bien rares sont les connaisseurs qui peuvent fixer le prix d'un *tchékinti* rebut d'opium ou opium fraudé. »

M. Guignes, de Beyrouth, a publié dans le *Journal de Pharmacie et de Chimie*, du 1er août 1905, une note concernant trois échantillons d'opiums plus que suspects, qui lui furent envoyés pour analyses. Cette marchandise fut trouvée des plus défectueuses. L'auteur indique la marche et les résultats de ses essais. La note ajoute :

« D'après des renseignements que M. Guignes a recueillis à bonne source, il est certain qu'on pratique en grand, à Smyrne, la *manipulation* de l'opium.

» Il existe bien à Smyrne des courtiers officiels, des *visiteurs*, qui sont d'une grande habileté ; ils examinent l'opium pain par pain ; mais cette visite n'a lieu que pour l'opium vendu par le producteur à celui qui fait le commerce de l'opium ; elle n'est une garantie que pour ce dernier, et la *manipulation* se fait après la visite.

» L'opium renferme normalement de 12 à 14 pour 100 de morphine; quelquefois, la teneur en morphine est un peu moindre parce que le récolteur, en enlevant la goutte de latex coagulé sur les capsules de pavot, enlève un peu de péricarpe, mais ce n'est là qu'un accident assez rare. Ces opiums à haut titre sont achetés par l'Allemagne, l'Angleterre et les États-Unis, ainsi que par les fabricants de morphine.

» Tous les autres opiums sont des opiums *manipulés* à Smyrne ; c'est dans cette ville que sont travaillés les opiums destinés à la France et à l'Italie ; c'est là qu'on leur donne la forme désirée de petits pains et qu'on les amène au titre de 10 pour 100 pour la France et de 6 pour 100 pour l'Italie.

» Cette fraude, qui est de notoriété publique à Smyrne, est due, paraît-il, aux exigences des acheteurs. »

Les deux notes qui précèdent se confirment mutuellement, et du reste, ne sont pas une révélation pour quiconque eut à travailler sur des opiums, en vue de préparations pharmaceutiques ou autres.

CANTHARIDES

Les cantharides étaient représentées à l'Exposition, en nature, et par diverses préparations épispastiques. C'est aussi une drogue classique connue d'époque très reculée. Dioscoride et Pline, comme de l'opium, en font mention.

Dans la plupart des langues européennes et même en arabe, la cantharide se désigne « mouche d'Espagne » mais les Anglais nous en font les producteurs : « French-flies »; il est vrai qu'ils disent aussi « Spanish-flies » et « Blistering-fly » (mouche à vésicatoire). Malgré ces désignations, ce n'est plus l'Espagne notre principal pourvoyeur.

Zoologiquement, les cantharides sont : *Canthari vesicatoria* d'après Geoffroy, et *Meloe vesicatorius* selon Linné ; ce sont des coléoptères d'espèces différant entre elles par leur couleur et leur grandeur.

La plus petite se rencontre plus particulièrement dans les Indes Orientales, d'où elle nous parvient comme objet de curiosité.

La cantharide officinale est longue de 15 à 20 millimètres, large de 4 à 6 ; c'est un insecte élégant moins par sa forme que par la couleur de ses élytres, qui sont d'un beau vert brillant à éclat métallique. Les plus recherchées sont de ce vert doré, avec les tarses et les antennes noirs.

Elles sont assez abondantes dans nos pays méridionaux ; leur odeur de demi-putréfaction rappelant un peu celle de la souris, annonce leur voisinage et sert à les faire découvrir dans les campagnes. Très souvent elles volent par essaims et se reposent sur les peupliers. les troënes, les rosiers et de préférence sur les frênes, dont elles dévorent les feuilles.

En Italie, en Espagne, dans le midi de la France et dans certaines contrées du Nord, telles que le département de la Mayenne, on s'occupe avec soin de ramasser ces insectes.

Cette chasse se fait au mois de mai, le soir, au coucher du soleil ou le matin à l'aube. Pour cela on étend à terre et sous les arbres où elle sont réunies des toiles assez grandes sur lesquelles on fait tomber les cantharides en secouant fortement les branchages ou en les gaulant ; puis on les relève et on les plonge dans des baquets de vinaigre étendu de beaucoup d'eau ; quelquefois on dépose les cantharides vivantes dans des tamis de crin et on se contente de les exposer aux vapeurs du vinaigre bouillant ; mais l'immersion est beaucoup plus en usage que l'exposition aux vapeurs acétiques, procédé très ancien, puisque Dioscoride l'a indiqué.

Ces opérations ont pour but de faire périr les cantharides qu'on met ensuite à sécher, au soleil, à l'air libre ou dans des greniers.

Dans les travaux de récolte, de séchage et d'emballage, il faut éviter de rester longtemps exposé aux émanations de ces insectes ; car il en résulterait une excitation inflammatoire sur le col de la vessie, amenant une cystite, passagère il est vrai, avec urines ardentes et quelquefois hématurie. Cet effet se produit même si l'on s'endort sous un arbre où les *meloe* sont réunies.

Les cantharides sont rapidement attaquées par différents insectes et acarus. La présence du camphre, du carbonate d'ammoniaque, de la naphtaline, du mercure dans les vases qui les contiennent, ne paraît pas en assurer la conservation. On pourrait essayer l'aldéhyde formique, qui offre plus de probabilité de succès, à condition d'entretenir dans les vases une atmosphère de ces vapeurs.

Il ne faut employer que des cantharides entières et saines, car ce sont les parties molles que les parasites dévorent, et ce sont précisément celles-là les plus riches en cantharidine, d'après les observations de MM. Berthoud et Fumouze.

Nous disions que dans les campagnes, on recueille les essaims de cantharides lorsqu'il s'en présente ; il y en a aussi beaucoup de perdues.

Par exemple, dans une bourgade de Saône-et-Loire, au printemps de 1905, s'est abattue, comme une pluie de sauterelles, une nuée de cantharides, envahissant toutes les jeunes pousses des arbres, et notamment de la vigne ; or, les habitants se mirent à la chasse ; il y eut même des primes municipales pour qui détruirait des quantités données de coléoptères.

On en recueillit plusieurs centaines de kilogr., qui furent enfouis avec de la chaux pour s'en débarrasser radicalement.

Nous savons bien, disaient les gens du pays, que cette vermine est employée par les pharmaciens et a une certaine valeur, mais où vendre cela ? Et puis il aurait fallu s'en encombrer et empester nos maisons pour la faire sécher : de plus nous craignions qu'en la conservant ainsi, ses germes se fussent dispersés et produisissent une nouvelle génération qui dévore nos vignes. (Ces bonnes gens sont excusables de n'être pas mieux renseignés en entomologie).

Tous les ans en mai et juin il se présente de ces migrations de cantharides dans le midi et le centre de la France, mais pas toujours aussi abondantes, et qui souvent ne sont pas recueillies.

Il est à supposer que dans beaucoup d'endroits, faute de savoir en tirer parti, on laisse perdre ainsi une grande quantité de ces utiles insectes.

Aussi devons-nous faire appel aux productions de l'étranger pour alimenter nos laboratoires. L'importation de l'Espagne est devenue très faible ; d'Autriche, par Brünn, elle est déjà un peu plus importante, mais c'est la Russie qui nous fournit la plus grande quantité de cantharides, ses provenances sont l'Ukraine et la Valachie. Cette marchandise nous arrive en volumineux barils, contenant de100 à 120 kilos.

La Chine nous envoie aussi, en caisses d'une trentaine de kilos, une cantharide moins estimée, car le commerce la cote à un prix beaucoup plus bas que celle de Russie, et cependant elle est plus vésicante.

C'est qu'en effet, il existe de très grandes variations dans la teneur des cantharides en leur principe actif, la *cantharidine*.

Dans une communication faite à la Société de pharmacie de Bordeaux (1), M. G. Ponthieu signalait les grandes variations qui existent dans le titre, en principes actifs, de drogues très usuelles. D'après ses analyses de douze échantillons de cantharides, il a vu leur richesse varier de 0,12 à 1,06 °/₀ de cantharidine.

Plusieurs autres coléoptères ont aussi des propriétés plus ou moins vésicantes, par exemple, les coccinelles, et plus encore la cétoine dorée (*Lytta syriaca*), mais surtout le mylabre de la chicorée (*Mylabris cicorii*) qui est l'insecte signalé ci-dessus sous le nom de Cantharide de Chine, suivant son appellation commerciale, quoique n'étant pas une *Meloe*.

Le *Codex* prescrit pour la mouche officinale, une teneur de 0,5 °/o de cantharidine, mais on peut dire qu'à peu près jamais ce titre ne se rencontre commercialement, et que, d'ailleurs, d'après les formules même de notre pharmacopée, une teneur de 0,3 °/₀ suffit et indique des cantharides de bonne qualité.

Les mylabres sont notablement plus riches. L'*Officine* de Dorvanet indique que le *mylabris cicorii* donne 1 °/₀ de cantharidine. Ce chiffre est, toutefois, trop élevé, et nous savons que sur une centaine d'échantilllons de mylabres provenant de diverses parties de la Chine et du Japon, les analyses ont montré un titre moyen de 0,77 °/₀ de cantharidine libre.

Même ramené à ce dernier chiffre, le titre élevé du *mylabris cicorii* de la Chine, plus fort que celui des *meloe,* devrait porter les pharmacologues à faire classer ce vésicant comme drogue officinale.

Ce coléoptère, plus petit que la cantharide, de forme ramassée comme un haricot moyen, est noir, velu, avec trois bandes jaunes transversales très nettement tracées.

(1) *Bulletin* de la Société, année 1901, p. 247.

On ne signale pas encore qu'on l'ait rencontré dans le commerce, épuisé de sa cantharidine, ce qui se voit trop fréquemment dans la cantharide officinale.

Une autre cause, en effet, d'inefficacité des cantharides est la fraude par épuisement du principe actif.

M. Fumouze montrait à l'Exposition universelle de 1878, des cantharides ayant conservé la couleur, la forme et l'aspect du produit normal, et auxquelles cependant, on avait extrait la presque totalité de leur cantharidine. Pour cela, les insectes, sans les contuser, ont été baignés pendant un temps prolongé dans de l'alcool,de l'essence de pétrole ou de l'éther, puis séchés.

Le liquide devenu une sorte de teinture pharmaceutique, avait dissout tout l'alcaloïde, que l'on pouvait ensuite recueillir par évaporation et cristallisation d'usage.

Et ce qui est curieux, compréhensible du reste, c'est que ces cantharides, vieilles de plus de vingt-cinq ans, et qui existent encore, ne sont pas rongées par les parasites, ainsi que seraient depuis longtemps celles non épuisées.

En nous tenant, cependant, aux seuls cas de cantharides non fraudées, mais dont la valeur active peut varier dans les proportions de 1 à 10, ainsi qu'il résulte des analyses de M. Ponthieu, la nécessité se démontre de titrer cette drogue comme on le fait pour les quinquinas et les opiums.

Mais pour opérer un titrage sérieux, il faut traiter 100 grammes de *meloe* ; cela est d'une grande et onéreuse difficulté pour les petits laboratoires, aussi n'y a-t-il que les fabricants en grand d'épispastiques, qui puissent être certains du titre de leur cantharide, et des dosages relatifs qu'ils doivent en déduire.

GRAINES ET FARINES DE MOUTARDE

La semence de moutarde, réduite en farine est la base des sinapismes en feuilles et des sinaplasmes que nous avons vus figurer à l'Exposition.

La moutarde est connue d'époque très reculée, sous le nom de sénevé. Cette petite semence est très productive. On rapporte que 500 grammes semés dans un champ de 90 perches (46 ares), ont produit 279 kilos de graines, soit 560 pour 1.

C'est en faisant allusion à cette remarquable prolification, que la parabole des Evangiles dit :

« Le royaume du ciel est semblable à un grain de sénevé qu'un homme a pris et semé dans son champ, etc. »

La moutarde ou sénevé est une *crucifère*, dont les fruits sont de petites siliques cylindriques, binoculaires, dans lesquelles sont contenues des graines rondes qu'elles laissent échapper à l'époque de la maturité. On en connaît un assez grand nombre d'espèces, dont une douzaine croissent naturellement en Europe.

Celles usitées pour la pharmacie et la table sont :

1° La *Moutarde noire (sinapis nigra)*. Ses graines sont rouges au moment de la maturité et noircissent à une époque plus avancée. C'est la sorte officinale, douée, parmi ces espèces, des propriétés les plus prononcées. Encore faut-il tenir compte des provenances.

Sa farine présente, lorsqu'elle est de bonne qualité, un aspect jaunâtre avec des points noirs ; son odeur est faible, oléagineuse.

A moins d'humidité, elle offre à peine l'odeur caractéristique de moutarde, qui ne préexiste pas dans les graines ni dans leur poudre. Ce n'est que sous l'influence de l'eau que deux principes qu'elles contiennent, la « myrosine » substance albuminoïde et la « sulfosinapisine » sel d'un acide spécial, se combinent pour donner naissance à l'huile essentielle, en laquelle réside toute la puissance rubéfiante et sapidaire de la moutarde.

Notons, à ce propos, qu'il faut éviter d'associer la farine de moutarde aux acides, aux alcalis, à l'alcool, à l'eau bouillante, qui, en coagulant la myrosine, empêcheraient la formation de l'essence.

Ces prescriptions s'appliquent à toutes les sortes ou qualités de moutardes.

2° La *Moutarde blanche (sinapis alba)*, aux semences jaune clair, plus grosses que dans l'espèce précédente, et moins piquante, étant plus pauvre en générateurs d'huile essentielle.

La belle moutarde blanche de Hollande, en gros grains triés, se prend à l'intérieur comme excitante de l'estomac et laxative. Les blanches moins belles servent à préparer la moutarde de table, pour laquelle, dans les qualités communes, on emploie aussi des moutardes grises.

3° La *Moutarde rouge* est une variété de la noire ; elle est également chaude et caustique. La Charente et le Médoc nous la fournissent. On la désigne commercialement « Moutarde La Rochelle » ;

4° La *Moutarde grise* est souvent un mélange de rouge et de noire, ou bien encore, une variété de cette dernière moins foncée et par conséquent plus grise, son commerce est très étendu.

Pour la récolte des moutardes, il faut certains soins ; comme les graines ne mûrissent pas toutes ensemble, on coupe les tiges lorsqu'elles commencent à devenir jaunes et on les porte à l'air dans des greniers. Un mois après on les bat sur des toiles avec des baguettes, on fait ensuite sécher la graine, on la vanne et on la crible.

Sans vouloir les confondre, ajoutons aux sortes de moutardes actives, le *Ravison* ou « moutarde des champs » *sinapis arvensis*, qui est inerte et est souvent employée à frauder la moutarde noire.

Cette espèce est souvent si abondante dans les terrains cultivés qu'elle offre à l'époque de la floraison un vaste parterre de fleurs jaunes.

Le ravison fournit une huile dite « de cameline », qui est fabriquée en grand dans les départements du Nord et se consomme principalement dans les savonneries.

Ses graines, comme celles du navet et de la rave sauvage, employées aussi à falsifier la moutarde noire, et dont la saveur des unes et des autres est plus douce et la grosseur supérieure, se reconnaissent dans le mélange en dégustant les semences les plus volumineuses.

Dans les farines, la fraude est plus difficile à reconnaître ; on ne peut encore se fier qu'à la saveur manquant de montant et de piquant.

Quant aux autres falsifications de la farine, les essais consistent à la traiter par l'éther qui doit donner au moins 25 % d'huile fixe, ce qui exclut le mélange de tourteaux épuisés. La farine ne doit pas laisser plus de 5 % de cendres, ce qui indique l'absence de matières minérales ; elle ne doit pas, enfin, donner par décoction une colature que l'iode bleuit, ce qui indiquerait le mélange de fécule d'amidon ou de farines de céréales. Ces additions sont très reconnaissables aussi, à l'examen microscopique, où l'on distinguera également, s'il y en a, des légumineuses, leur tissu cellulaire particulier; mais dans une farine de moutarde non mouillée, on perçoit aisément l'odeur caractéristique des légumineuses.

Les graines de moutarde d'importation nous arrivent en balles de 100 kilos. Leurs qualités respectives peuvent être établies comme suit :

La *Hollande* fournit les sortes blanches pour la consommation en nature et pour la table.

Celles du *Levant* sont des graines noires très piquantes, mais trop menues pour en faire des farines médicinales ; elles se prêtent bien, par contre, à produire une poudre très fine, convenant à la fabrication des papiers-sinapismes.

Les *Bombay*, de sortes diverses et de valeur moyenne, sont employées en pharmacie, comme pour la table.

Les *Russie* sont moins fortes, et de qualités considérées comme inférieures.

Les meilleures sont les sortes de *Bari* et de *Sicile*, qui ont toutes qualités requises pour les emplois pharmaceutiques. Après les blanches, ce sont les plus haut cotées commercialement.

Nous avons déjà vu que les graines de moutarde sont oléagineuses ; elles peuvent contenir jusqu'à 28 % d'huile fixe (que la simple pression n'extrait pas entièrement). Lors qu'ellessont déshuilées, elles ont gagné en force : leur action rubéfiante n'en est que plus vive, et la farine, moins sujette à la rancidité, est de conservation assurée.

Le déshuilage s'opère par pression, suivie d'un traitement par le sulfure de carbone ou par l'essence de pétrole, puis la farine est desséchée.

Ainsi préparée, la farine, par la force qu'elle a acquise, est d'un grand usage en médecine vétérinaire, où il faut agir sur des épidermes assez peu sensibles.

Elle est surtout employée à la fabrication des *papiers-sinapismes*. Pour cela, elle est fixée en légère couche à la surface d'un papier, au moyen d'une dissolution dans le sulfure de carbone, de 4 à 5 % de caoutchouc.

Pour arriver à de bons résultats, il fallait satisfaire à trois conditions qui se trouvent réalisées : obtenir une moutarde assez active pour agir efficacement en faible épaisseur ; faire que cette farine soit inaltérable par le temps, et employer une dissolution agglutinative qui ne contînt aucun liquide de nature à altérer les éléments de l'essence de moutarde, ou qui pût s'opposer à l'imbibition par l'eau.

Au début, cette dernière condition fut le plus grand obstacle de l'invention de M. Rigollot; il fallut par longs tâtonnements trouver le meilleur agglutinatif, et une fois fixée sur le caoutchouc, déterminer de très près la concentration de la dissolution. Trop chargée, elle n'était plus perméable, et trop faible. l'enduit se détachait du papier lors de l'immersion.

Ce sinapisme agit avec rapidité et énergie, et par cette action prompte, rend de sérieux services dans beaucoup de cas. Ses qualités, unies à la facilité de son emploi, en ont fait, comme l'on sait, l'une des préparations pharmaceutiques les plus populaires.

Cependant la vivacité de ses effets n'est pas toujours nécessaire, et même, est souvent contre-indiquée. Il est beaucoup de cas où il faut une rubéfaction plus lente et plus continue, où les mêmes résultats s'obtiennent en fait, mais non brusquement et de façon à ce que le patient puisse supporter le topique pendant un temps assez prolongé.

Tel est le but du *sinaplasme*, qui est un sinapisme mitigé, correspondant au cataplasme sinapisé dont il emprunte les éléments de base, mais présenté, non comme le papier-moutarde, non en feuilles, mais en sachets d'une conservation certaine, et toujours prêts à l'usage par les moyens les plus simples.

En parlant de la moutarde, il ne faut pas oublier son emploi comme condiment; c'est même cette préparation qui portait le nom de moutarde proprement dit. Cette appellation s'est, par la suite, transmise à la graine de sénevé.

Autrefois, on obtenait cette préparation avec le moût de raisin, auquel le sénevé donnait son feu, ce qui fit nommer le produit « moût ardent » *Mustum ardens* dont le mot moutarde dérive aisément.

On confectionne la moutarde de table de diverses manières : le plus souvent on délaye la farine soit avec le moût de vin, soit avec le vinaigre ou la bière ; il faut pourtant se défier du vinaigre qui peut annihiler la myrosine. D'autres fois, la graine de moutarde est amollie dans l'eau, et réduite en pulpe avec les aromates qu'on lui adjoint.

A Brives, on prépare la moutarde avec du moût de raisin rouge : elle prend alors le nom de moutarde violette. A Dijon et à Paris, les moutardiers aromatisent leurs produits avec de l'ail, de l'estragon et autres herbes condimentaires.

La moutarde de table a aussi une origine très ancienne. Dans l'antiquité, celle d'Égypte était déjà en grande renommée. L'usage s'en est continué jusqu'à nos jours.

Un chapitre sur la moutarde ne doit pas omettre cette anecdote traditionnelle : On raconte que le pape Clément VII (Jules de Médicis) aimait beaucoup ce condiment, et récompensait largement ceux qui se distinguaient dans l'art de le préparer : de là viendrait l'importance que donne un dicton populaire au « Moutardier du pape ».

HUILE D'OLIVES

Après ces quelques notes concernant les produits de droguerie sur lesquels il y avait certaines particularités à signaler, nous abordons les matières alimentaires, dont l'Exposition montrait des spécimens.

L'huile d'olives est une des substances les plus importantes, et a toujours occupé le monde commercial.

Son usage est déjà signalé dans la Genèse, racontant que Jacob versa de l'huile des oliviers sur la pierre qu'il avait érigée à Béthel, en mémoire du songe qu'il avait eu. Les Grecs attribuaient à Minerve la création de l'olivier. Les Phéniciens retirèrent des bénéfices énormes des transactions qu'ils firent sur cette marchandise, avec l'Espagne.

L'olivier, ou *Olea europæa* des botanistes est, suivant certains auteurs, originaire de l'Asie-Mineure, et a été propagé dans des localités méridionales de l'Europe, telles que le littoral de la Méditerranée, comprenant le Piémont, les provinces romaines, Lucques, Monaco, la Corse, Naples et la Sicile. Il est très abondant sur les côtes de Barbarie, d'Espagne, à Gibraltar, sur le continent d'Afrique, de Tunis à Tanger, sur plusieurs côtes du nord de l'Adriatique, aux îles Ioniennes, en Grèce, en Turquie et dans nos régions méridionales.

Par sa situation climatérique exceptionnelle, le département des Alpes-Maritimes est, sans contredit, parmi ces dernières, la contrée où l'arbre prend le plus de développement et fournit les produits les plus parfaits. La Provence, avec Aix et Salon comme centres de production, est aussi productrice d'huiles d'olives de premier ordre.

Dans la région de Nice, l'olivier atteint parfois 12 à 15 mètres de hauteur. C'est un arbre à sombre frondaison, à feuilles grêles, peu gai à la vue ; on n'en fait pas d'ailleurs un arbre d'ornement. On prétend qu'il peut vivre cinq à six siècles.

Comme toutes espèces naturelles dont on a cultivé l'amélioration, l'*olea europæa* comprend un assez grand nombre de variétés, dont les plus estimées de notre sol sont commercialement désignées comme suit :

Olivier Cormeau, de Grasse, Plant de Salon. — Le plus cultivé en Provence, fruit petit, très noir, produisant l'huile si justement estimée, de Salon, d'Aix et environs.

Olivier Aglandeau, Caïanne. — Variété productive, très commune dans les Bouches-du-Rhône, confondue souvent avec le plant de Salon. Fruit petit, rond, amer. Très bonne huile réputée comme produit d'Aix.

Olivier Amellon. — Notamment cultivé dans l'Hérault, peu productif. Les fruits noirâtres, gros et de forme ovoïde, sont surtout employés confits pour consommation en nature.

Olivier Bouteilleau, Ribière. — Se cultive principalement dans le Gard et dans l'Hérault. Récoltes incertaines. Huile grasse et de deuxième catégorie.

Olivier d'Espagne, Plant d'Eyguières. — Abondant en Espagne, peu cultivé en France. Fruit le plus gros qui nous parvienne ; se consomme en nature sans être d'une saveur bien agréable, mais, confit, est de bonne conservation. L'huile est amère et peu comestible.

Olivier de Lucques, Olivier odorant. — Cultivé dans les Pyrénées-Orientales et l'Hérault. La fleur est parfumée. L'olive est odorante, moyennement grosse, un peu arquée ; c'est la meilleure étant confite. L'huile est excellente.

Olivier Moureau. Négrette. — Très commun dans toute la Provence. Fruits noirâtres comme l'indique leur nom de négrette, puis devenant d'un rouge marron foncé. Huile de bonne qualité.

Olivier Picholine. — Répandu aussi en Provence. Fruits de moyenne grosseur, très bons confits, mais de mauvaise conservation. Huile estimée.

Olivier Salerne. — Cultivé dans le Gard et l'Hérault. Arbre de taille médiocre. Fruit violet sombre efflorescent. Huile de très bonne qualité.

Etc., etc.

La récolte dans les climats de nos côtes méditerranéennes et à température normale, commence en décembre et se continue jusqu'en mai et juin. Au début, on obtient des huiles comestibles « fines », à la fin de ces époques, le produit est encore amélioré et donne les huiles « superfines ».

Les olives récoltées avant décembre sont celles tombées des arbres, piquées ou malades, et ne donnant que des huiles dénommées « primeurs », peu propres à l'emploi comestible ; ce sont des huiles pouvant faire de bonnes « lampantes ».

Les olives saines sont récoltées en secouant les arbres ou en les gaulant.

Les huiles provenant des fruits recueillis trop tardivement dites « arrière-saison » ont peu de goût et peu de parfum et sont de mauvaise conservation. Elles ne conviennent pas à Paris, où l'on aime à retrouver le goût de fruit.

Dans la fabrication industrielle des huiles d'olives, on distingue les qualités suivantes, obtenues après broiement à la meule, des fruits :

« Huile mère-goutte », se rencontre rarement dans le commerce, et n'existe que chez quelques fabricants qui la consomment, et l'obtiennent en pratiquant de petites cavités dans la pâte des olives broyées : l'huile mère-goutte s'y rassemble ; on la recueille avec précaution.

« Huile vierge, native ou superfine », provient des olives écrasées légèrement et soumise à la pression dans des sacs (cabas ou couffins). Le noyau du fruit, séparé ou non des résidus, n'en change pas la qualité.

« Huile fine », est le produit d'un second broyage, et d'une seconde pression. Nous avons vu que la finesse des huiles dépend aussi de l'époque de la récolte des fruits, c'est-à-dire de leur état de maturité.

« Huile mi-fine », provient du troisième broyage auquel on ajoute quelquefois de l'eau bouillante. Le produit peut être encore très bon suivant la qualité des olives.

« Huile bonne mangeable », s'obtient par un quatrième broyage des résidus deux fois arrosés d'eau bouillante. Elle est, naturellement, inférieure aux autres.

« Huile à fabrique » ou « huile rance », c'est le produit des pâtes chauffées et presque épuisées qui ont servi aux pressions précédentes. Les Provençaux la nomment « Huile d'enfer, d'infer », ou « d'infect ». Commercialement on la désigne « de ressence ».

Ajoutons, comme désignations usitées :

« Huile lampante », ou huile à brûler. C'est une huile de qualité secondaire, non comestible, clarifiée par le repos, et qui sert à l'éclairage, au graissage des machines, à la fabrication des savons de choix.

« Huile sous-claire », provenant de la partie intermédiaire entre l'huile précédente et la couche supérieure réellement lampante.

« Huile raffinée », elle se fabrique à Naples et résulte de l'épuration au four des fonds d'huile d'olives. Elle est grisâtre, pâteuse, émanant une odeur de vinaigre et siccative.

Les huiles d'olives se clarifient par simple repos, et déposent un résidu qu'on appelle « lie » ou « fèce ». La clarification est complétée pour les qualités soignées, par une filtration sur du coton cardé.

Pour les usages personnels et dans les petites exploitations, on se contente souvent d'une première pressée sur la pulpe d'olives venant du broyage, et d'une seconde sur cette pulpe reprise et arrosée d'eau bouillante, et quelquefois, on mélange les deux produits.

En Corse (dans la partie méridionale tout au moins), en Sardaigne, en Sicile, chez les indigènes du Maroc et de l'Algérie, la fabrication de l'huile est très primitive ; la qualité laisse à désirer, pour cette raison surtout qu'on y emploie les olives tombant des arbres par excès de maturité, ce qui donne l'huile spécifiée plus haut sous la désignation d'arrière-saison.

Dans quelques régions de l'Espagne, et sans doute ailleurs, on retarde la pressée après la récolte, et les olives s'échauffent, fermentent, en donnant une huile imparfaite et sujette au rancissement.

Nice et Grasse conservent l'huile dans de grands vases de terre, vernis en dedans, que l'on nomme « jarres » et qui contiennent jusqu'à 500 kilogrammes d'huile ; elle s'y épure par un repos de plusieurs mois.

L'Italie a longtemps été réputée pour la fabrication de ses huiles, mais aujourd'hui, Nice, Aix, Gênes (ville si peu italienne qu'on peut la considérer à part), Port-Maurice, en fournissent de plus délicates, soit par la qualité des fruits, soit par les soins qu'on donne à la fabrication. Aussi les provenances d'Italie, les « Bari » ne tiennent aujourd'hui qu'un rang secondaire.

Il vient de se fonder une *Association nationale d'oléiculture italienne*, dont le siège est à Rome, et qui a pour but « l'accroissement des plantations d'olivier, le développement de l'industrie oléicole, la répression des falsifications et la lutte contre la concurrence faite à l'aide de procédés déloyaux et pernicieux ». On ne peut qu'approuver d'aussi louables intentions.

Les meilleures qualités d'huiles d'olives sont donc, quoiqu'il en soit, celles de l'ancien comté de Nice, de la Provence, et du territoire de la rivière de Gênes dont Oneglia est le centre de production. Les huiles « extra de Nice » sont notamment très douces et d'une saveur des plus délicates ; viennent ensuite les « surfines supérieures », les « surfines », les « fines ».

Depuis quelques années, la Tunisie nous expédie des quantités importantes d'huile d'olives. Elle est fine, sans violence d'arôme, mais produisant pourtant à la gustation, une saveur un peu chaude et piquante. La production est très grande dans la Régence, et l'importation est chez nous abondante.

A titre d'indications sur la valeur relative des différentes sortes commerciales, nous donnons une mercuriale de Marseille, prise à une époque quelconque, et par conséquent sans valeur au point de vue des cours actuels.

Huile d'olives.

On cote : *Comestibles.*

Aix surfine	190 à 195 fr.
— fine	140 à 150

Les 100 kilogr. à la consommation.

Comparés à ces prix, les Nice se paient avec 5 ou 10 fr. de prime.

Bari AA	170 fr.
— A	165
— 1	160
— 2	150

Les 100 kilogr. fûts perdus, escompte 1 %, à la consommation.

Var, surfine	115 fr.
— fine	110
— mangeable	100
Tunis Abelmé (consommation de douanes, entrepôt d'octroi et d'accise)	105 fr.

A fabrique.

Olives	54 fr.

La millerolle. (La savonnerie a conservé cette unité locale de mesure, qui correspond à 64 litres.)

L'industrie olivière est protégée en France, par des droits de douane de 15 francs les 100 kilogrammes au tarif général et 10 fr. au tarif minimum, poids net. Celles pour la savonnerie sont admises au taux de 5 francs, tarif général, et 3 francs, tarif minimum, poids brut si elles sont rendues impropres à l'alimentation et dénaturées.

La dénaturation des huiles d'olives destinées à la savonnerie commune s'obtient par le mélange de 110 grammes de nitrobenzine ou de 200 grammes d'huile de romarin, à 100 kilogr. d'huile. Pour des savons non communs à qui ces additions ne conviendraient pas, d'autres propositions peuvent être faites à l'administration qui les examine. Mais on voit que ces moyens ne sont applicables qu'aux savons parfumés.

Comme les vins, les huiles d'olives subissent des coupages, où les qualités particulières de chacune se combinent en un mélange réunissant leurs divers avantages : ainsi les Bari très fruitées sont adoucies par celles de Nice et de Grasse obtenues d'olives très mûres ; les huiles vieillies ou à goût de terroir peuvent être corrigées avec des huiles récentes un peu fruitées. Le négociant établit ces « cuvages » suivant les convenances connues des pays acheteurs.

De tels mélanges sont très licites, mais ce qui ne l'est pas, ce sont les adultérations par additions d'huiles d'autres natures et de prix moindres. On falsifie généralement l'huile d'olives avec celles d'œillette, de sésame, d'arachides, de colza, de coton.

Cependant il est un caractère des huiles d'olives qui n'échappe pas au consommateur : c'est leur propriété de se figer à une température peu froide : soit dès + 8 degrés centigrades. Pour lui maintenir cet indice, il fallait comme mélanges d'autres huiles se concrétant à peu près à la même température, et il n'y a dans ce cas, parmi les huiles commerciales, que celles d'arachide et de sésame.

Or, l'huile d'arachide a une saveur particulière, que l'on compare à celle du haricot vert, et qui se percevrait dans le mélange destiné à l'usage comestible, tandis que l'huile de sésame est de sapidité douce et agréable ; c'est donc celle-là qui sert le plus couramment à frauder l'huile d'olives de table.

Les huiles de colza et de coton ne peuvent passer inaperçues que dans les sortes industrielles.

Les analyses chimiques pour déceler les mélanges d'huiles sont très délicates, et ne donnent de résultats probants qu'entre les mains de chimistes spéciaux à l'étude des corps gras ; mais il peut être fait appel à l'expert dégustateur qui s'y trompe rarement.

TRUFFES ET CHAMPIGNONS

Les truffes sont des végétaux sur la nature botanique desquels on n'est pas encore bien d'accord ; ce qui est certain, c'est qu'on peut les ranger parmi les cryptogames, tribu des *Tuberacées*, vivant, croissant et se multipliant sans culture jusqu'à présent, au sein de la terre.

L'usage en était déjà connu du temps des Romains ; ils les faisaient venir particulièrement de Libye.

L'espèce la plus importante est la truffe comestible *(Tuber cibarium)* que l'on désigne ordinairement sous le nom de « Truffe noire », *(Tuber melanosporum* ou *melanospermum)*, c'est la plus estimée en France pour sa saveur et son parfum. Quand elle est jeune, son parenchyme est blanchâtre ; elle constitue alors la « Truffe blanche », qui est dure et sans saveur.

Dans le commerce, la truffe noire est parfois mélangée avec deux autres espèces : la « Truffe d'été » (*Tuber æstivum*), et la « Truffe d'hiver » (*Tuber brumale*), qui ont le même aspect, mais qui lui sont inférieures sous le rapport du goût.

La « Truffe grise », dite aussi « Truffe blonde, Truffe de Piémont, Truffe à l'ail », de couleur rousse ou gris sale, est de saveur excellente, exhalant une odeur d'ail, qui ne couvre pas, cependant, son parfum générique.

Les truffes se trouvent dans toutes les contrées du globe. En France, le Dauphiné, la Provence, le Languedoc, la Bourgogne, mais surtout le Périgord et l'Angoumois, en fournissent assez abondamment. Celles du Périgord sont particulièrement estimées.

On a cru longtemps que la truffe provenait directement de ses spores, appelées « Truffinèles ». Depuis, on a pensé qu'elle avait, comme les champignons, un mycélium, qui, à une certaine époque de l'année, s'étend à travers le sol, et multiplie l'espèce.

Il y a quelques années, M. Ravel, de Montagnac (Basses-Alpes), a paru établir que la truffe est une galle souterraine, provenant de la piqûre faite par la Tipule aux racines capillaires de certains chênes. Ce qui peut donner quelque crédit à cette assertion, c'est que le tubercule ne se trouve toujours qu'aux pieds des arbres.

Quoiqu'il en soit, la truffe est jusqu'à présent un végétal spontané, sur lequel ont échoué les essais de reproduction artificielle, ou tout au moins, n'avait-on pas encore discerné de méthode pour en entreprendre la culture.

Cependant M. Chatin qui, de son vivant, était directeur de l'Ecole supérieure de pharmacie de Paris, avait fait une étude très complète des truffes et truffières, et était arrivé à un procédé de reproduction par culture, d'une variété qu'il classa dans les « Terfas », et se rapprochant beaucoup des types spontanés.

Le *Bulletin de la Chambre de Commerce française de Milan* (n° de juillet 1905) annonçait que de semblables essais de culture avaient été entrepris avec succès en Italie. Voici cette communication :

« **La Trufficulture en Italie.** — Deux éminents botanistes italiens : MM. Mattei, professeur de botanique à l'Université de Naples, et le docteur Serra, de Castellamare, auraient trouvé, paraît-il, un procédé qui doit rendre la production des truffes très facile et très rémunératrice. Ils espèrent disposer très prochainement d'une énorme quantité de mycélium prêt à être employé et ils estiment que, le sol une fois traité convenablement, la production du champignon sera si abondante et vigoureuse que pendant longtemps il ne sera pas nécessaire de s'occuper du réensemencement : le champignon cultivé se propagera de lui-même comme le produit sauvage le fait depuis d'innombrables générations. MM. Mattei et Serra assurent que les ensemencements d'avril donneront des récoltes à partir d'octobre.

» Ils comptent que chaque chêne pourra donner entre ses racines une récolte annuelle de 5 à 10 kilogrammes de truffes, soit au prix de 10 francs le kilogramme, un bénéfice en argent de 50 à 100 francs par an. Les deux chercheurs fondent leur principal espoir de profits matériels sur la variété : *Terfezia Leonis*, qui prend naissance sur les racines de l'*Helianthemum guttatum*, et croît abondamment en diverses régions du littoral méditerranéen (*Laudatissima tubera Africæ* des anciens).

» On trouve le *Tuber melanosporum* dans le Nord de l'Italie et le *Tuber bituminatum*, très inférieur au point de vue de la saveur, dans le Sud-Est. Le Nord de la Péninsule produit aussi une excellente truffe appelée *Tuber magnatum* ; mais toutes ces sortes sont relativement rares et coûteuses. »

On ne sait encore si ces espérances vont se réaliser, mais on peut en augurer que la reproduction par culture, des truffes, n'est pas un problème insoluble.

Le plus souvent, on emploie à la recherche des truffes les porcs ou les chiens, en utilisant la finesse de leur odorat. Quand le porc approche d'une truffière, le chercheur observe avec soin la manière dont il fouille la terre, et au moment où l'animal va découvrir la truffe pour la manger, il l'écarte avec le bâton et achève lui-même la fouille. Le tubercule est généralement enfoui à une profondeur de 15 à 25 centimètres.

Les chiens doivent être dressés à cet exercice ; à cet effet, on met dans leur pâtée des truffes hachées ; on leur fait ensuite chercher cette pâtée dans la terre, puis on les conduit dans une truffière. Il faut un ou deux mois pour dresser un chien.

Le chien, qui n'a pas le grognement continuel du porc, est surtout préféré des maraudeurs, cherchant des truffes dans les lieux où ils n'ont pas droit. Le silence relatif du chien est plus favorable à leur besogne occulte.

Les truffes se conservent assez bien hors de terre pendant un mois, et même plus, pourvu qu'elles n'aient pas été entamées, et qu'elles soient tenues à l'abri de l'humidité et de la grande chaleur, dans de la terre ou du sable.

Quand on veut les garder longtemps, on les fait sécher au four, ce qui affaiblit beaucoup leur parfum. Le mieux est d'avoir recours aux fabricants de conserves alimentaires, qui obtiennent par des méthodes inspirées du procédé d'Appert, des légumes, en général, et des truffes en particulier, ayant conservé tout leur arôme et toutes leurs qualités.

MM. A. et L. Lehucher (ancienne maison F. Lacour) exposants à la Classe 54, de conserves de comestibles, ont bien voulu nous rédiger une note sur cette question qui leur est si familière, de l'origine et du commerce des truffes ; et ils nous ont donné en même temps quelques indications sur les champignons et les cèpes. Voici ce document :

Truffes. — Les truffes, cryptogames de l'ordre des Tubéracées, sont de différentes espèces. Les plus connues sont au nombre de trois : 1° La truffe noire, dite du Périgord, dont le parfum est très délicat et qui est certainement la plus estimée : elle se trouve dans les départements de la Charente, de la Dordogne, du Lot, de l'Aveyron et du Tarn. 2° La truffe à l'ail, dite de Provence, de qualités diverses, selon les crus qui existent dans les départements de l'Isère, de la Drôme, de l'Ardèche, du Gard, de l'Hérault, de Vaucluse, des Basses-Alpes. Les crus de la Drôme jouissent de la meilleure réputation parmi cette seconde catégorie. 3° La truffe blanche ou terfas, le *Terfezia Leonis* qui croît en Afrique et en France dans le département des Landes, cette dernière est moins en faveur que les deux précédentes quoiqu'elle possède également un parfum suave et agréable.

Le truffier ou « rabassier » est accompagné d'un porc ou d'un chien spécialement dressé à l'extraction des truffes.

La truffe croît en terrains frais, siliceux ou calcaires souvent peu fertiles et toujours exposés de façon à ne rien perdre des rayons du soleil, elle se plaît généralement au milieu des hêtres, chênes et châtaigniers.

La plus grande récolte de truffes a lieu en France et s'élève annuellement à une moyenne de **deux millions** de kilogrammes, et représente une valeur de **vingt millions** de francs (les truffiers vendent la truffe à raison de dix francs le kilogramme, et ce prix se trouve généralement triplé avant d'arriver à la consommation, ayant à passer entre les mains de différents intermédiaires).

La majeure partie des ventes se fait à l'étranger et constitue ainsi une grande richesse pour la France puisque ces spécialités sont exportées.

Les exportations de la truffe ont lieu notamment en Angleterre, Allemagne, Amérique et Russie.

La truffe est un végétal ayant sa vie propre et malgré les recherches de savants érudits, on n'a pu jusqu'alors bien déterminer le germe de ce cryptogame. On peut classer la truffe comme champignon qui se forme à l'intérieur du sol, tandis que les champignons ordinaires se forment sur terre ; on appelle même à cet effet ces derniers des champignons aériens et la truffe des champignons hypogées.

Cèpes. — Les cèpes se récoltent dans presque toutes les contrées les plus boisées de France, notamment dans le Périgord, la Corrèze et la Bretagne, ils se présentent sous de nombreuses variétés dont les plus recherchées sont le mousseron, l'oronge vraie, les morilles, le champignon sanguinolent, la coulemelle, la girolle, la croquette des sapinières et le hérisson. On peut évaluer la récolte annuelle à **cinq millions** de kilogrammes ; ces cryptogames ne se consommaient guère qu'en France, mais depuis trois années un développement considérable s'opère progressivement à l'exportation et la statistique donne déjà un million de kilos en moyenne de cèpes exportés ; ce chiffre permet de constater de forts débouchés pour l'avenir.

Champignons. — En dehors des cèpes dont les variétés ont été désignées ci-dessus, il se fait un commerce considérable de champignons, dits de Paris, qui proviennent principalement des carrières de ses environs.

Les autres contrées qui en récoltent également sont les départements de Seine-et-Oise, Oise, Marne, Seine-et-Marne, Aisne, Loire, Indre-et-Loire, Cher et Gironde; la région de Paris s'est spécialisée à la préparation de ce produit et en exporte la majeure partie.

La récolte annuelle des champignons en France s'élève environ à **huit millions** de kilogrammes, représentant une valeur de **huit millions de francs**; ce chiffre est largement rehaussé avant d'arriver à la consommation qui est principalement étrangère. Les truffes, les champignons et les cèpes préparés par les fabricants de conserves alimentaires constituent donc une des plus grandes richesses de notre contrée, ainsi qu'une industrie nationale, la majeure partie de ces produits essentiellement français étant destinés à l'exportation.

Conserves alimentaires. — A cette note, dont l'intérêt est manifeste, et la compétence des auteurs hors d'examen, nous ajouterons quelques brèves observations sur l'industrie des conserves alimentaires.

Cette industrie s'est développée depuis quarante ans d'une façon prodigieuse. Elle offre une ressource précieuse autant que considérable contre la pénurie de la saison d'hiver, et contre les mauvaises récoltes, d'autant plus que l'étranger y concourt pour une large part, et que cela nous permet de recevoir, avec les qualités de l'état frais, des espèces étrangères à nos climats, ou celles qui ont fait momentanément défaut dans nos récoltes.

Un grand nombre de moyens de conservation sont employés depuis un temps immémorial et dans tous les pays, soit dans les ménages, soit dans l'industrie. A côté de procédés remplissant réellement les conditions indispensables pour une conservation longue et complète, il en est de totalement inefficaces, qui communiquent aux aliments un goût désagréable, ou même des propriétés nuisibles.

Mais la fabrication des conserves alimentaires proprement dite est la mise en pratique sur une vaste échelle des moyens propres à conserver les aliments avec toutes leurs qualités, principalement par l'élimination de l'air, et c'est une industrie récente, qui a pris naissance en France.

Appert, le premier, au commencement du siècle écoulé, fit de la conservation des substances alimentaires une industrie aujourd'hui de premier ordre, répondant aux besoins de la vie moderne. Chaque pays prépare les produits qui lui sont spéciaux : l'Angleterre, l'Amérique, l'Australie particulièrement, produisent des quantités considérables de conserves de viandes, de poissons, de crustacés, etc. ; la plupart de ces conserves sont, en général, bien préparées. Mais ce sont surtout des produits de qualité ordinaire. C'est en France que l'on prépare les conserves les plus délicates de légumes verts, de fruits, de primeurs, de truffes, de volailles, de gibier, etc.

Les procédés de conservation des matières alimentaires peuvent se diviser en quatre classes :

1° Par concentration et dessication;

2° Par le froid ;

3° Par élimination de l'air;

4° Par les antiseptiques et les antiputrides.

Dans quelques cas, à côté d'un moyen principal de conservation, on en emploie d'autres, accessoires, qui diminuent d'autant les chances de fermentation. C'est ainsi, par exemple, que souvent, la coction plus ou moins complète, la concentration, la salaison, le boucanage, etc., sont employés, comme moyens secondaires, dans les procédés de fermeture hermétique après expulsion de l'air.

Il ne peut entrer dans notre cadre de décrire ces divers procédés, qui constituent plusieurs industries différentes, mais nous nous arrêterons un moment sur la méthode par élimination de l'air, comme étant la seule employée pour les conserves en boîtes ou en vases de verre ; celles auxquelles on a recours pour les produits les plus susceptibles et les plus délicats, notamment les asperges, les fonds d'artichauts, les truffes, champignons, etc.

La méthode est, en général, celle-ci : Les produits cuits, partiellement, sont enfermés, soit dans des bocaux de verre, soit dans des boîtes en fer blanc, puis exposés dans un bain-marie à température constante, pendant un temps plus ou moins long, selon les substances, et fermées hermétiquement aussitôt après. Dans les boîtes en fer blanc, on ménage un petit orifice sur le couvercle, pour le dégagement de l'air et de la vapeur d'eau. Un point de soudure la ferme rapidement et la clôt définitivement.

Appert avait apporté une simplification importante à ce procédé : celle de substituer au bain-marie une capacité chauffée à la vapeur : « l'armoire d'Appert », comme on l'a longtemps désignée, et qui, aujourd'hui, remplacée par des étuves de grandes dimensions, ou même par des autoclaves plus restreints mais plus pratiques, a tout à fait industrialisé la méthode et a donné au commerce qui en découle, un si grand essor. C'est grâce à ce procédé qu'on peut manger des primeurs en toutes saisons, à des prix modiques.

D'après des expériences fort concluantes, les conserves préparées dans les meilleures conditions suivant les principes d'Appert peuvent se garder plus de vingt ans, même à bord des navires, sans subir la moindre altération.

A la longue, pourtant, elles perdent un peu de leur propre arôme, et contractent une saveur métallique qu'on appelle « goût de l'étain ». Pour cela, toutefois, il aurait fallu les garder un temps très long, plusieurs années, ce qui, dans l'usage, n'a jamais lieu.

L'inconvénient plus réel de l'emploi de la chaleur avec expulsion d'air était de faire perdre aux légumes fins, haricots verts et petits pois, la belle couleur verte qu'ils ont quand ils sont frais. On avait remédié à ce défaut par le reverdissage au sulfate de cuivre, opération interdite par ordonnances de police, et cependant tolérée quand les proportions de cuivre ne dépassent pas un titrage déterminé.

Mais actuellement, et depuis une vingtaine d'années, l'industrie des conserves alimentaires a trouvé le moyen de maintenir leur couleur aux légumes verts, par des moyens qui n'exigent l'emploi d'aucune substance toxique ou prohibée.

L'indigo solubilisé (carmin d'indigo) est un colorant permis et absolument inoffensif.

C'est par la méthode d'Appert, à température bien surveillée, que se font, disions-nous, les conserves de truffes et champignons divers, de cèpes, etc.

CAOUTCHOUC, GUTTA-PERCHA, BALATA

En arrivant aux matières industrielles exposées, nous débutons par l'une des plus considérables comme importance d'affaires et qui, d'origine récente, causerait un grand vide dans l'économie publique si elle venait à disparaître. Il s'agit du Caoutchouc, avec lequel nous joindrons ses congénères, la Gutta-percha et la Balata.

Pour apprécier le rapide développement de leur commerce, il faut se rappeler que le caoutchouc, le premier connu de ces matières, ne donnait lieu, en 1830, qu'à une importation (arrivant en Angleterre), de 30 tonnes, alors qu'aujourd'hui l'Europe en consomme 40.000.000 de kilogrammes et les Etats-Unis 25.000.000, sur une production mondiale de 75.000.000 de kilogrammes.

Généralités. — Le caoutchouc n'est connu en Europe que depuis une époque peu éloignée. Nous devons à La Condamine les premières notions sur cette curieuse matière. Ce fut lui, qui en 1736, lors d'un voyage au Pérou avec Bonguer, fit parvenir à l'Académie des Sciences, dont il était lui-même membre, des détails sur les caractères de l'arbre à caoutchouc et de son suc.

Les Indiens du Para appelaient cet arbre *serniga*, les habitants du Pérou *heva hevea* et les Portugais *pao di xiringa*. Les naturels nommaient *caout-chouc* le suc laiteux qui en provient, mot qui signifie : suc d'arbre, et le nom est resté, dans notre langue, au produit industriel qui dérive de ce suc.

Peu après La Condamine, Aubelet donna les dessins de l'arbre à caoutchouc, qu'il nomma *hevea guyanensis* parce qu'il l'avait observé dans la Guyane, mais celui de *hevea brasiliensis* prévalut plus tard. Nous verrons ,du reste, que le caoutchouc est fourni par plusieurs autres espèces végétales, et par d'autres variétés d'*hevea*.

En 1730, le père de la Neuville en faisait mention dans le dictionnaire de Trévoux, sans toutefois en donner des applications industrielles.

Aussi le caoutchouc demeura-t-il longtemps dans l'oubli ; les seules propriétés qu'on en connût alors en limitant l'usage ; son principal emploi était d'effacer sur le papier les traces du crayon.

Cette destination lui est encore donnée actuellement et plus efficacement grâce aux poudres minérales incorporées dans sa masse, lui donnant plus de mordant.

Le caoutchouc était aussi employé à la confection des tissus élastiques.

Dans la première période, le public, sauf les naturalistes, connaissait peu son origine ; on le qualifiait populairement par un mot signifiant scrotum de cheval, et peut-être croyait-on réellement, au moins dans un certain milieu, qu'il provenait dudit organe, car les poires entières de caoutchouc brut qu'on voyait par hasard en rappelaient absolument le volume, la forme et la couleur. On l'appelait aussi, mais y croyant moins, « Peau de nègre ».

Plus généralement on disait « gomme élastique ».

Donc pendant un assez long temps, le caoutchouc fut peu apprécié. C'est qu'à ce moment il n'était pas apte à beaucoup d'emplois. A une température déjà de + 30 degrés, il s'amollissait, devenait poisseux et hors d'usage ; à partir de — 4°, il durcissait, se gerçait, devenait cassant.

Ce n'est que lorsque le procédé de la volcanisation (1) lui communiqua les propriétés qui lui manquaient : (résistance aux températures assez élevées, et atténuation de sa modification sous l'influence du froid), que sa consommation s'accrut si rapidement dans des applications industrielles devenues innombrables.

Ce procédé repose sur la combinaison du soufre au caoutchouc, sous l'influence d'une température variant de + 120 à 150 degrés centigrades.

Goodyer, un américain, produisit, en 1842, un caoutchouc ainsi traité, mais dont il gardait le secret du procédé.

Peu de temps après, l'anglais Hancocq pénétra le fond du mys-

(1) Les deux termes : volcanisation et vulcanisation sont quelquefois employés indifféremment. Quoique tous deux rappellent, au fond, une idée assimilable, le premier est plus exact, car il se rapporte à la sulfuration que produirait l'émanation des volcans.

tère, et donna de son côté une méthode de volcanisation, différant un peu de celle de Goodyer, connue par la suite, mais découlant des mêmes principes.

Le premier mélangeait du soufre dans la masse du caoutchouc; Hancocq immergeait ce dernier dans un bain de soufre en fusion.

En 1846, Parkes simplifiait encore la méthode en faisant tremper à froid le caoutchouc dans une dissolution, dans le sulfure de carbone, de chlorure de soufre.

Puis, dans le but de teinter le caoutchouc, on y incorpora diverses couleurs minérales, parmi lesquelles le « soufre doré d'antimoine », l'une des variétés des sulfures de ce métal, et l'on observa qu'à la faveur de la chaleur, ce sulfure cédait de son soufre au caoutchouc et le volcanisait. C'est un procédé assez grandement utilisé actuellement.

D'ailleurs, les méthodes de volcanisation, donnant chacune des propriétés un peu spéciales aux produits, on adopte celles qui répondent le mieux aux destinations.

Le caoutchouc volcanisé peut, sans se fondre, supporter une température de 150 degrés, il durcit moins par le froid, il garde son élasticité et sa fermeté à des températures comprises entre — 20° et + 90 à 100°. A cette chaleur et jusqu'à son point de fusion, il s'assouplit sans se déformer.

Depuis qu'on sait appliquer la volcanisation, le caoutchouc est entré dans la pratique industrielle en y prenant une extension dont la rapidité offre peu d'exemples (1).

Une remarque accessoire est que l'américain Goodyer, ayant voulu garder son secret, fut dépossédé plus tard, par un autre inventeur, Hancocq, qui se fit patenter et put ainsi se réserver le monopole, non du procédé, mais du produit lui-même, le caoutchouc volcanisé. L'inventeur primitif mourut dans une profonde détresse.

On peut donc considérer combien est fausse cette idée, que le secret gardé d'une invention est une garantie plus sérieuse que les patentes et brevets, contre les dangers de concurrence et d'imitation, et cet exemple n'est pas le seul.

Nous verrons plus loin les espèces végétales productrices de caoutchouc, ce sont toutes des arbres ou des lianes, qui, à l'inci-

(1) Les colorants dérivés de la houille en sont, cependant, un autre exemple.

sion de leurs écorces, laissent écouler un *latex*, ou liquide crémeux rappelant un lait épais. Ce liquide contient le caoutchouc à un état de globules disséminés, comme la matière butyreuse l'est dans la crème du lait.

Sur les lianes, toutefois, on n'opère pas par incisions mais par extraction directe, le végétal étant coupé et apporté aux ateliers.

Sous l'influence de divers traitements, les globules du latex se soudent entre eux et donnent une masse demi-molle, élastique, qui est le caoutchouc. Le liquide résiduel du latex est séparé, ou bien s'est dispersé de lui-même, selon le mode adopté de coagulation.

Le coagulum, obtenu par ces moyens, est blanc comme le latex lui-même, s'il n'a pas été bruni par les opérations qui ont amené sa demi-solidification.

Tel est le résumé sommaire de la fabrication du caoutchouc.

Considérations théoriques. — Le caoutchouc n'est produit que par des végétaux à latex, mais il ne s'ensuit pas que tous les latex de plantes ou arbres puissent donner du caoutchouc, et même, parmi les espèces les plus productives de cette substance, il en est des variétés, et, aussi, dit-on, des individus d'une même variété ne rendant pas de caoutchouc, à côté de congénères, vivant sur le même terrain, et ceux-là étant, au contraire, de féconds producteurs.

Ce dernier point, toutefois, a été contesté par M. Chevalier, dans une communication à l'Académie des sciences, où il déclarait que chaque fois qu'il avait rencontré des espèces donnant un latex incoagulable, c'étaient constamment des variétés non identiques à l'arbre bon producteur auquel on les assimilait (1).

Le latex n'est pas, ainsi qu'on le pense quelquefois, la sève de l'arbre ou de la plante, c'est une production collatérale, telle que serait chez les mammifères, la sécrétion lactée, indépendante des autres liquides circulants de leur organisme. Aussi l'extraction du latex n'apporte-t-elle pas un trouble fonctionnel profond dans la vie des végétaux caoutchifères.

On peut traire la vache sans l'épuiser, mais non toutefois, sans lui imposer un travail de transformation opéré aux dépens de ses forces vitales. Il en est de même dans le cas actuel.

(1) *Comptes rendus de l'Académie des sciences*, 30 octobre 1905.

Les moyens de coagulation du latex sont assez variés : l'alcool, les acides, l'eau de savon, le chlorure de sodium et autres sels, la chaleur, l'électricité, l'action centrifuge, etc.; nous verrons plus loin le procédé pratiquement appliqué au Pérou, mais ce que nous voulons définir, c'est que la coagulation n'est pas, comme celle de l'albumine, par exemple, qui, sous diverses influences passe de l'état soluble à une modification moléculaire insoluble, ni même comme celle se produisant dans un liquide où l'albumine en se coagulant et se séparant de son solvant, entraîne comme dans un réseau, les matières solides flottant dans le liquide.

Le latex est, d'ailleurs, albumineux.

Ici, nous reviendrons à la comparaison de la crême du lait : les globules visqueux du caoutchouc sont agglomérés soit par les moyens chimiques (alcool, acides), qui détruisent l'action isolante pour eux, du liquide dans lequel ils nagent ; ou bien par des effets physiques (chaleur, barattage, force centrifuge, concentration par évaporation) rapprochant violemment ces globules, les soudant par ce contact, surtout lorsqu'ils sont aidés de la chaleur, qui amène les particules à une sorte de fusion.

Voici l'analyse de Faraday, faite sur un latex, variable, on le comprend, suivant les espèces et les provenances :

Caoutchouc	31,70
Albumine	1,90
Substance azotée soluble dans l'eau et l'alcool	7,13
Substance soluble dans l'eau, insoluble dans l'alcool	2,90
Cire	traces.
Eau contenant un peu d'acide	56,37
	100 »

L'examen histologique des arbres à caoutchouc montre que le latex est contenu dans des canaux très serrés, non parallèles, quoique tous verticaux ; ils forment un réseau assez enchevêtré, se reliant en plusieurs points, et pouvant ainsi déverser les uns dans les autres, le liquide circulant en eux, de sorte qu'en ouvrant l'un de ces canaux, il laisse écouler, non seulement son contenu propre, mais encore celui des vaisseaux de son groupe.

Ces canaux étant tous en direction verticale, une incision faite dans le sens transversal de l'arbre en ouvre un nombreux faisceau et donne ainsi lieu à un écoulement de latex prolongé et relativement abondant.

Dans l'arbre à gutta-percha, les canaux latexifères ne présentent pas la même disposition ; ils ne communiquent pas entre eux, de sorte que chacun doit être sectionné, ce qui exige alors, des coupes transversales complètes, et par conséquent, le sacrifice de l'arbre.

Les lianes, dont quelques-unes sont souterraines (rhizomes) sont coupées en tronçons qui laissent écouler leur latex dans des vases au-dessus desquels ils sont suspendus. D'autres fois elles sont séchées, puis battues avec des maillets, pour en broyer le ligneux et l'en séparer des canaux, où le latex s'est desséché, et se présente à l'état de caoutchouc tout formé.

Cette opération est analogue en principe à celle du teillage du lin.

Une autre analogie serait également mise à profit. L'acide sulfurique, même très étendu, imprégnant des matières végétales qui sont ensuite desséchées et chauffées à une température même inférieure à 100°, se désagrègent et tombent, par un léger battage, en poussière charbonneuse. C'est la méthode proposée et peut-être employée en ce moment en Indo-Chine, à la destruction des parties ligneuses enveloppant les canaux du latex dans les lianes, attendu que la matière constituant le caoutchouc est insensible à l'action de l'acide dilué.

C'est aussi le procédé de l'épaillage chimique des laines où l'on doit détruire tous produits végétaux : pailles, gratterons, etc. retenus dans les filaments ; c'est également celui employé pour épurer les chiffons de laine de tous mélanges végétaux, en vue d'en faire de nouveaux tissus. L'acide sulfurique, dans ces conditions, n'a pas d'action destructive sur la laine elle-même.

Il est, suivant le même principe, applicable aussi au traitement des lianes à caoutchouc.

Végétaux producteurs de caoutchouc. — Les végétaux fournissant un latex coagulable propre à la fabrication du caoutchouc, sont compris dans quatre familles naturelles, savoir :

1° Les *Artocarpées*, dont le figuier est une espèce très connue, et qui contiennent le *Ficus elastica*, seul usité autrefois comme producteur de caoutchouc ; nous en voyons le type dans la plante d'ornement cultivée en appartement sous le nom de « caoutchouc ».

2° Les *Euphorbiacées*, comprenant tous les *hevæa* qui fournissent les deux cinquièmes de la fabrication mondiale du caoutchouc.

3° Les *Apocynées,* famille la plus importante pour nos colonies, mais ce sont des lianes et non des arbres, aussi leur exploitation comporte-t-elle fatalement leur épuisement.

4° Les *Asclépiadées,* dont la production est très faible, et qui comptent à peine comme plantes à caoutchouc.

Les espèces et les variétés qui en découlent sont très nombreuses, et ce serait entrer dans des détails autant arides que peu de nature à se fixer dans l'esprit, d'en faire ici une nomenclature ; elle se trouve aisément dans les traités de botanique un peu développés.

Mais toutes ces espèces végétales arriveront à s'épuiser. Les arbres à caoutchouc ne souffrent pas trop de l'extraction de leur latex. Toutefois, à force de produire, ils ont cependant une existence abrégée, d'autant plus que souvent, ils sont abattus pour la récolte. Les lianes vivent pour une seule extraction.

Nous nous trouvons ici dans des conditions comparables à celle des quinquinas, qui, d'ailleurs, exploités à l'état sauvage dans les mêmes lieux, le Pérou et le Brésil, ont le même sort, cependant un peu plus favorable, car les arbres à caoutchouc s'acclimatent dans d'autres régions, moins facilement que les cinchonas.

Les uns et les autres sont sauvagement détruits par les « cascarillos » pour les quinquinas et les « serningueros » pour les hevæa. (On se rappelle que le nom primitif des arbres à caoutchouc était serninga).

Il faut donc qu'une période de culture succède à celle des cueillettes. Nous allons voir cette question traitée avec détails dans un document qui suit. Nous pouvons dire dès maintenant que les essais tentés ne sont pas très concluants.

Le *Colonial office* de Londres a fait décider la mise en culture à Ceylan de 118.000 acres de terrain (58.000 hectares), consacrés aux arbres à caoutchouc. Jusqu'à présent les résultats ne sont pas encore bien certains : l'entreprise étant à ses débuts.

Dans les colonies françaises, sauf en Indo-Chine, on n'a rien obtenu de satisfaisant.

Et puis les meilleures sortes transplantées perdent souvent leurs propriétés, contrairement aux quinquinas, qui s'améliorent.

Les hevæa se prêtent mieux aux acclimatations que les ficus, dont les résultats sont irréguliers. Il ne faut pas songer aux lianes, qui sont trop longues à croître.

En Malésie, 38.000 hectares ont été mis en culture d'havæa, et font espérer des résultats favorables.

Les espaces ne manquent pas dans nos colonies africaines et asiatiques ; il est à espérer qu'on puisse consacrer une assez grande étendue à une culture qui répond à nos nécessités industrielles, à nos besoins sociaux, et qui, par les tentatives déjà en voie de réalisation, va trouver sa formule et les lois rationnelles de son exploitation.

Récolte, Exploitation des forêts. — Cette partie a été magistralement traitée par M. A. Grellou, de la maison François, Grellou et Cie, membre du Comité d'admission de la Classe 54. Nul mieux que cet habile fabricant n'était à même d'être renseigné et documenté. Le mémoire qui suit sera donc lu avec un grand intérêt :

« Si le terme de cueillettes peut être appliqué à la récolte des fleurs, herbes et plantes pharmaceutiques et médicinales, peut-être est-il insuffisant pour désigner, expliquer de quelle manière le caoutchouc est recueilli. Et, en effet, si le produit du ficus a été compris dans la grande classification des cueillettes, c'est que, avec les plantes médicinales il avait ce point d'analogie d'être recueilli comme un produit naturel du sol, mais *sans culture,* du moins jusqu'à ces dernières années. Toutefois le mode d'opération de son extraction est tout particulier et il mérite d'être décrit.

» Le caoutchouc n'est autre chose que le sang qui circule dans les veines de l'arbre appelé *ficus elastica.* On le trouve dans l'Amérique du Sud, au Brésil particulièrement où se rencontre la sorte de qualité supérieure qui porte le nom de son pays d'origine, le *Para*; dans l'Afrique, aux diverses latitudes intertropicales des côtes orientales et occidentales ; dans le Soudan et le Congo ; dans l'île de Madagascar ; dans les îles de Java et Bornéo, à Ceylan, et dans notre colonie du Tonkin.

» L'arbre à caoutchouc a une sève forte et abondante. En effet il vit dans les climats chauds, humides et marécageux qui lui sont particulièrement favorables. Certaines espèces comme l'*hevea*, de l'Amérique du Sud, poussent d'un seul jet jusqu'à des hauteurs de 15, de 20 et même de 30 mètres, en un tronc qui en l'espace de cinq à six années atteint l'état adulte et comporte la saignée. D'autres sortes dites caoutchouc de lianes, le *landolphia* d'Afrique, se décomposent en nombreuses tiges qui retombent sur le sol pour y reprendre racine et former ainsi des forêts inextricables qui caractérisent bien la flore de certaines régions tropicales.

Malgré la grande rapidité de croissance de l'arbre à caoutchouc et la multiplication naturelle qui donne cette impression que la production de sève doit être inépuisable, il n'en est pas moins vrai que la récolte a besoin d'en être faite avec soin et avec méthode, et il est à déplorer que, par suite de l'augmentation croissante de la consommation de ce produit dans les pays civilisés, les indigènes soient amenés à adopter des moyens rapides, souvent destructeurs, pour réussir à répondre à la demande.

» Certes les forêts sont nombreuses, profondes, étendues sur des surfaces immenses, impénétrables, où souvent aucun chemin d'accès n'a été tracé. Aussi l'indigène, naturellement indolent, ne tire le caoutchouc que sur les points voisins des côtes, ou bordant les cours d'eau, s'évitant ainsi de porter les fardeaux sur de trop longues distances. Il en résulte que si la récolte est limitée à ces points relativement restreints, et si elle est faite sans mesure et sans respect pour les arbres, on risque d'arriver à l'appauvrissement, sinon à la destruction des forêts. Le fait s'est produit et l'on a eu trop souvent à regretter que des arbres aux troncs énormes aient été sapés d'un coup à la base pour en recueillir toute la sève en abondance.

» L'avidité d'une prompte réalisation entraînait inconsidérément les noirs à des actes qui devaient dans l'avenir amoindrir la richesse de leur pays. Ces procédés ont été dénoncés et de grands efforts ont été faits pour en diminuer la pratique regrettable et ruineuse. Toutefois, par crainte de les voir se renouveler sans possibilité de répression efficace, et aussi en vue de répondre à l'avenir qui semble promettre une consommation toujours grandissante du caoutchouc, certains colonisateurs avisés et hardis ont résolu la plantation de l'arbre à caoutchouc dans des terrains approppriés, ou le repeuplement des contrées dévastées par une récolte intensive.

» Déjà on peut voir à Nogent-sur-Marne, dans les serres du jardin d'essai créé par M. Dybowski, de jeunes plants de ficus élevés dans des températures favorables et destinées à l'exportation en vue de la replantation dans nos colonies, à Madagascar en particulier. Ces plants sont emballés avec des soins particuliers qui les mettent à l'abri de tout danger de dépérissement pendant le transport. On peut donc augurer que, malgré un renchérissement considérable du prix de cette matière première, qui depuis trois ou quatre ans a augmenté de 40 % environ par suite d'excès dans la consommation, son extraction n'est pas près de diminuer au point de provoquer des craintes de pénurie de cette sève si précieuse à certaines industries.

» Toutefois, si les courageux colonisateurs sont dignes d'être loués vivement pour leur initiative de replantation, il n'est pas inutile d'exprimer le vœu que les dépenses nécessaires soient faites par notre pays pour créer des voies d'accès dans les régions inexploitées, des routes et même des lignes ferrées pour aller chercher, et pour amener à la mer les richesses que des forêts lointaines et impénétrables gardent jalousement.

» L'exploitation du caoutchouc était déjà pratiquée, avant la découverte de l'Amérique, par les Indiens qui utilisaient la sève recueillie des arbres pour en confectionner des objets usuels tels que plats, vases, gourdes et même des chaussures dont certains échantillons figuraient aux vitrines de la Classe 54, curieux spécimens de forme assez élégante, agrémentées de dessins tracés dans la malléabilité de la matière. On est étonné de rencontrer chez des peuples sans civilisation une telle habileté manuelle pour confectionner des objets à leur usage.

» Le procédé de récolte n'a pas varié depuis fort longtemps. Il consiste en des incisions faites dans l'arbre au moyen de petites hachettes fixées au bout de longues perches avec lesquelles on pratique à chaque récolte annuelle, de une à quatre incisions l'une au-dessus de l'autre, de 10 en 10 centimètres. L'année suivante on fait un nombre égal d'incisions nouvelles en commençant à dix centimètres au-dessous de la dernière faite. Ainsi d'année en année les incisions nouvelles succèdent aux anciennes, déterminant une ligne hélicoïcale d'encoches à l'entour du tronc.

» Dès que l'incision est produite, on introduit dans l'écorce par son bord coupant, un peu au-dessous de l'entaille, un petit godet de fer-blanc, où s'écoule et se recueille le suc laiteux. Le produit de tous ces godets est versé, après avoir reposé quelques heures, dans de grands baquets de fer-blanc. On procède alors au fumage de la matière.

» On commence par faire de grands feux de branchages, puis on prend des lattes de bois que l'on trempe dans les récipients où ils se couvrent du suc épais et visqueux, et on les passe dans la fumée chaude au-dessus des flammes en les tournant constamment. La partie liquide de la matière s'évapore. On retrempe la palette dans le baquet et on l'enfume à nouveau. L'opération se répète ainsi un grand nombre de fois. Le suc se coagule successivement et forme des couches épaisses superposées jusqu'à ce que l'on obtienne une balle de 10 à 30 kilos. Après quoi la palette est retirée de sa gaine de gomme. La réussite d'un bon caoutchouc est liée étroitement à l'opération de l'enfumage.

» Il existe de nombreuses variantes dans les procédés de récolte et de coagulation. La méthode qui vient d'être indiquée est généralement celle que les indigènes de l'Amérique du Sud pratiquent pour la récolte du Para au Brésil, sorte la meilleure et la plus estimée. Cette récolte dure de mai à décembre ; (il faut remarquer que cela se passe dans l'hémisphère austral).

» Un hevæa fournit, une fois adulte, de 3 à 6 kilos par an, quelquefois jusqu'à 10 kilos, et donne la sève pendant environ vingt années.

» On s'explique, étant donnée la superficie considérable de 100.000 kilomètres carrés acquise par l'Etat du Brésil, en terrains et forêts à caoutchouc, que la production totale de ce pays monte à 30.000 tonnes par an, soit environ la moitié de la production mondiale.

» L'exploitation n'est pas chose si facile qu'elle peut le paraître, et l'obstacle principal à surmonter réside dans l'insalubrité des régions propices au caoutchouc, que les indigènes eux-mêmes ont grand'peine à supporter, ce qui rend très souvent difficile le recrutement de ces derniers.

» Certains armateurs font profession d'embaucher chaque année des noirs pour la campagne de récolte qui dure huit mois. Ils les prennent à bord de leurs bateaux, leur assurant pour cette période la nourriture, l'outillage et les ustensiles nécessaires. Les bateaux remontent lentement le cours rapide de l'Amazone ou de ses nombreux affluents, pour aller atterrir en un point propice. Après le débarquement, les bateaux redescendent la rivière et les noirs sont abandonnés à eux-mêmes.

Ils se répandent dans les forêts, vivant sur un sol marécageux où la fièvre les guette, se défiant des insectes et des reptiles venimeux, se garant des crues en s'isolant en l'air dans des habitations faites de lianes et de branchages que leur ingéniosité sait édifier, puis ils se mettent à l'œuvre, travaillant souvent à mi-corps dans l'eau, pour recueillir le plus de caoutchouc possible qu'ils doivent conserver jusqu'au retour du bateau qui viendra les reprendre. Mais cette insalubre existence ne laisse pas que de décimer bon nombre d'entre eux, et souvent plus d'un tiers de l'effectif ne revoit pas la côte, ce qui simplifie d'autant le salaire à payer par les armateurs. C'est pourquoi le recrutement de la main-d'œuvre est rendu parfois fort difficile.

» En Afrique, le caoutchouc se présente sous la forme de lianes venant d'un faisceau de tiges qui s'élèvent et s'épanouissent en gerbes pour retomber sur le sol et y reprendre racine, formant ainsi des forêts difficilement pénétrables.

» Le caoutchouc d'Afrique est désigné sous le nom de *Landolphia*. Le procédé de récolte est tout différend de celui de l'hévæa d'Amérique; il est plus simple et plus rudimentaire. Après les saignées faites aux arbres ou après les abatages, les noirs laissent le latex s'écouler librement des blessures faites sur le tronc et comptent sur le temps et sur la chaleur du climat pour faire évaporer la partie liquide de la sève. La gomme s'est alors répandue sur le sol où elle s'est mélangée à des matières étrangères nombreuses et variées telles que feuilles, bois, sable, écorce; beaucoup de sortes restent imprégnées d'eau, quelquefois même il se rencontre des pierres introduites dans certaines balles de caoutchouc, ce qui dénote chez les indigènes un entendement des affaires qui n'est pas en faveur de leur loyauté, et toutes ces matières étrangères constituent un déchet qui monte souvent à 30 et 40 % du poids total.

» C'est une perte sèche pour l'acquéreur, sans compter que des frais inutiles de transport seront payés jusqu'en Europe pour une marchandise sans valeur. Les exploitants européens qui habitent le pays d'origine ont bien cherché à découvrir la fraude en coupant un certain nombre de balles prises au hasard, pour voir ce qu'elles contenaient, mais cette surveillance est trop difficile à exercer d'une manière efficace et malheureusement les fraudeurs échappent au contrôle régulier et à toute répression.

» Le *ficus elastica* qui pousse en Asie est indigène de l'Inde. Il donne un produit inférieur à celui de l'hévæa. On rencontre aussi la sorte de lianes dites *landolphia*, quoiqu'elle soit peu répandue. Quant à l'hévaea que l'on a cherché à implanter depuis vingt-cinq ans dans l'Inde, il n'a pas très bien réussi au début. Cependant, depuis deux années seulement, il a été importé en Angleterre environ 20.000 kilos de caoutchouc d'hévæa venant de Ceylan, qui ont obtenu un prix supérieur au plus fin Para fumé d'Amazonie. La gomme est transparente et d'une grande pureté. Cela fait augurer que le sol si fécond de l'île de Ceylan triomphera peut-être des difficultés de la transplantation.

» Et en effet, des essais nombreux ont été faits pour chercher à acclimater l'hévæa de l'Amazonie dans les régions les plus favorables de l'Afrique et de l'Asie, mais les tentatives avaient été jusqu'alors infructueuses; car il est difficile de contrarier la nature, et une plante ne pousse jamais si bien que dans le sol où elle s'est développée d'elle-même. Quoiqu'il en soit, il faut encourager ces initiatives, qui en cas de succès généraliseraient la meilleure sorte de caoutchouc pour le plus grand bien de l'industrie.

» Parmi ces sortes de gomme si variées qui se remarquent en Asie, il est utile de signaler celle que produit notre colonie du Tonkin dans la région du Laos. Sa production quoique relativement restreinte ne nous parvient encore en France qu'en partie, l'autre étant accaparée surtout par le marché allemand. Il serait à souhaiter que nous puissions en profiter plus largement, car ce caoutchouc jouit d'une qualité particulière d'allongement tout à fait remarquable, que le Para même ne possède pas, et qui le fait rechercher pour certains emplois.

» Il ne faut pas terminer ce rapide aperçu sans dire quelques mots de deux sortes de gommes qui sont, comme le caoutchouc, le produit de la sève d'un arbre, obtenue par incision. Je veux parler de la *Balata* et de la *Gutta-Percha*.

La balata se rencontre presque exclusivement au nord de l'Amérique du Sud, dans le Bas Orénoque, en Guyane et au

Venezuela. La balata de la Guyane, dite *Surinam*, est récoltée en larges feuilles propres et transparentes, nécessitant à peine une épuration avant l'emploi. Au Venezuela, la matière est moins pure et contient une fraction de matières étrangères telles que du bois, et se présente sous l'aspect de pains blanchâtres.

» La Balata est une matière particulièrement collante et poisseuse, qui, une fois réduite à l'état de dissolution, est très utilement employée aux ouvrages nécessitant le collage à chaud des toiles ou des cuirs, auxquels elle donne une adhérence parfaite. Mais elle a relativement peu d'emploi étant comparée au caoutchouc, et son utilisation ne tend pas à s'accroître comme on l'avait espéré, en raison du manque de propriétés isolantes qu'on lui avait tout d'abord attribuées.

» La Gutta-Percha, originaire de la Malaisie, a une toute autre importance. Elle est d'un emploi très répandu dans la construction des câbles électriques et des câbles sous-marins, à raison de ses propriétés isolantes, et dans l'industrie des produits chimiques, grâce à sa quasi invulnérabilité aux attaques des acides.

» Cette matière est répandue dans la péninsule de Malacca et dans les îles de Bornéo et de Sumatra. Le centre d'exportation est Singapour et le grand marché européen est à Londres.

» La Gutta-Percha est une matière nullement élastique. Elle est malléable, se ramollit à la chaleur, et possède des qualités parfaites d'isolement qui en font la meilleure enveloppe pour les câbles sous-marins.

» Sa récolte est d'une opération difficile, car les arbres croissent dans des forêts touffues où les indigènes doivent se frayer un passage, et où ils meurent souvent d'accidents ou de maladie.

» Les arbres à gutta sont disséminés au milieu des autres essences de la forêt. Quand l'indigène en a trouvé un, il nettoie le sol à l'entour, coupe l'arbre à sa base, le débarrasse de ses feuilles et le saigne avec des rigoles circulaires qui entament l'écorce et l'aubier. La sève coule de l'arbre jusque sur le tapis de feuilles étalées pour l'isoler du sol. On ramollit le produit ainsi obtenu dans de l'eau chaude et on l'amalgame avec d'autres sortes.

» Il y a une autre méthode, celle de l'abatage devenue souvent désastreuse. On abat l'arbre, on broie l'écorce et l'aubier sur le tronc à coups de marteau. La sève se coagule dans cette bouillie, puis on dépouille l'arbre de cette enveloppe, on la porte dans un ruisseau, l'écorce s'en va et l'on obtient ainsi de la gutta assez pure.

» Les procédés de cueillette au moyen de godets comme pour le caoutchouc, en vue de recevoir la sève, ne sont pas adoptés, car cette sève est trop épaisse.

» Quelque richesse que recèlent les îles de la Malaisie en gutta-percha, il y a lieu de déplorer les procédés trop souvent adoptés de l'abatage des arbres, qui ont complètement ruiné certaines forêts. C'est ce qui, à juste titre, a fait pousser un cri d'alarme, et la crainte s'est répandue de voir un jour manquer de cette merveilleuse matière isolante, que la télégraphie sans fil devait soi-disant rendre inutile. Il faut, au contraire, en user avec économie, et, sans s'arrêter à des appréhensions exagérées, il y a lieu de voir à ce que la surveillance la plus étroite soit exercée par les pays intéressés, afin d'empêcher la dépopulation des forêts d'arbres à gutta et pour encourager leur replantation. »

Caoutchouc manufacturé. — Comme annexe à ce remarquable mémoire de M. Grellou, et de nos propres notes, il nous paraît nécessaire de donner un rapide sommaire des modifications par lesquelles passe le caoutchouc brut pour être apte à ses applications industrielles.

Les opérations principales sont les suivantes :

1° Le *Ramollissage*, qui s'opère en faisant séjourner le caoutchouc brut 24 heures, dans de l'eau chauffée par un courant de vapeur. Quelquefois on ajoute à cette eau des lessives alcalines.

2° Le *Découpage* : la matière molle est soumise à l'action de cylindres munis de lames ou de scies circulaires, ou d'un couteau à longue lame tenu à la main, pendant qu'un filet d'eau arrose ces instruments pour empêcher l'échauffement et les adhérences.

3° Le *Lavage* : le caoutchouc découpé est comprimé entre deux cylindres horizontaux en fonte, quelquefois cannelés, et reçoit en même temps un jet d'eau, qui le débarrasse de ses impuretés. Par l'action des rouleaux, la matière est déchiquetée, offrant ainsi accès à l'eau dans la plus grande partie de sa masse.

Malgré sa simplicité de description, le lavage est l'opération la plus difficultueuse ; certaines sortes de caoutchouc sont visqueuses et retiennent les impuretés, d'autres, trop sèches, s'émiettent.

Le caoutchouc, en sortant de ce travail, est une feuille, dite « peau », à surface rugueuse ayant un aspect tout spécial.

4° Le *Séchage*, qui s'obtient par étendage des peaux dans des séchoirs chauffés à 50°-60° C.

Le caoutchouc brut ainsi traité se dit « lavé » ou « épuré » ou plus souvent « régénéré ».

Il n'est pas encore à son état d'emploi pour la fabrication de manufacturés.

L'opération du lavage a rendu un produit très poreux, très distendu, mal aggloméré, il faut lui donner plus de corps et d'homogénéité : il est alors malaxé et fortement comprimé dans des appareils dits « Masticateur, Pétrisseur » ou « Diable » ; le caoutchouc se dit alors *mastiqué*.

Rarement le caoutchouc est manufacturé à l'état pur. Pour quelques destinations, du reste, il est nécessaire qu'il soit modifié par des mélanges, par exemple lorsque l'on veut limiter sa compressibilité.

Les mélanges se font aussi, et le plus souvent, pour diminuer le prix de la matière sans lui communiquer de nouvelles qualités : au contraire, en général !...

Dans ces mélanges, entrent les substances les plus diverses, à l'état de poudre nécessairement : nous citerons le plâtre, le sulfate de baryte, la craie, le talc, les argiles, les blancs de zinc et de plomb, les oxydes de fer, le noir de fumée, l'outremer, etc., etc., et aussi des caoutchoucs factices.

Le mélange se fait dans des appareils « broyeurs » ou « mélangeurs », ayant quelques rapports avec le masticateur employé au lavage, et, d'ailleurs, l'opération peut s'exécuter pendant le passage à cette dernière machine.

Si le caoutchouc doit s'employer à l'état pur, il est au sortir du masticage, comprimé en blocs rectangulaires ou circulaires, par compression, à la presse hydraulique, d'un assemblage de pains mastiqués.

Le bloc est alors déposé dans un endroit frais, où il séjourne pendant quatre à six mois, et par là acquiert une grande homogénéité de contexture dans toute sa masse.

Après ce temps, le bloc est réchauffé dans une étuve, puis est scié, par un mécanisme, en feuilles plus ou moins épaisses suivant leurs destinations, et qui peuvent, au besoin, atteindre la minceur d'un parchemin.

C'est la « feuille anglaise », ainsi nommée parce que bien longtemps on ne la fit qu'en Angleterre. Dans le commerce actuel, le titre feuille anglaise signifie caoutchouc pur.

Le caoutchouc mélangé ou la feuille anglaise sont les matières prêtes pour la confection des divers objets constituant l'industrie du caoutchouc manufacturé.

La volcanisation s'applique, le plus ordinairement, sur ces objets terminés, car le façonnage serait très gêné s'il en était autrement, notamment pour les soudures qui se font mal sur le caoutchouc volcanisé.

Aussi le procédé Goodcar, consistant à volcaniser par mélange de soufre dans la masse, n'est-il applicable qu'aux objets se confectionnant par simples découpages.

Rarement le caoutchouc n'est pas volcanisé, spécialement lorsque les objets doivent être mis en contact avec des métaux craignant la sulfuration ; par exemple pour les « passants » ou brides retenant dans les trousses les instruments de chirurgie; mais ces brides se distendent bientôt, car le caoutchouc non volcanisé n'est pas absolument élastique, en ce sens que lorsqu'il est étiré, puis rendu libre, il ne revient pas à sa longueur primitive, il reste un peu allongé.

Les objets en caoutchouc sont de couleur *gris-blanc* lorsqu'on les utilise tels qu'ils sortent du bain de volcanisation, après avoir détaché l'excès de soufre non combiné ; si on les veut *noirs*, on désulfure la surface par une immersion dans une solution de potasse bouillante ; ils sont *rouges*, si la masse a été préalablement teintée en cette nuance, par mélange de soufre doré d'antimoine, de litharge, de vermillon ou d'oxyde de fer ; il est nécessaire aussi, dans ce cas, de désulfurer l'extérieur par la potasse, comme il vient d'être dit.

Déchets régénérés. — Nous devons dire quelques mots de cette utilisation des déchets, qui donne lieu à une importante industrie.

Son essor est nouveau, mais l'idée avait déjà été émise

vers 1836 par Christophe Nickels et par d'autres venus plus tard : Ross, Lorsmier, etc.

Longtemps on s'est borné à tailler dans les déchets assez épais des objets plus petits, notamment les gommes à effacer.

Actuellement c'est toute une transformation qu'on leur fait subir, et les opérations ne laissent pas que d'être compliquées ; nous ne pouvons en donner qu'un court sommaire :

Le premier travail est un classement des déchets par provenances de façon à traiter chaque genre suivant plusieurs considérations : volume des morceaux, proportions probables et natures des mélanges de poudres chargeantes, qualité même du caoutchouc d'origine estimée d'après les objets qui en ont été confectionnés.

Les déchets sont ensuite lavés à l'eau chaude, avec brassage et frictions à la brosse quand il est nécessaire.

Puis, on désagrège les matières en les pulvérisant grossièrement entre des cylindres cannelés, après avoir enlevé tous les corps étrangers apparents : clous, fils métalliques, boutons, toile, etc.

Un arrosage de benzine favorise la mouture répétée de ce qui, à un premier broyage, est sorti des cylindres en fragments trop gros, et ce sont toujours les meilleures qualités de gomme.

La mouture est encore facilitée en imprégnant d'eau ces déchets dans leur matière même (on sait que le caoutchouc n'est pas absolument imperméable à l'eau) ; chauffés sous pression d'environ trois atmosphères, ils s'en imbibent, mais ils doivent être essorés ou séchés extérieurement, sinon ils glisseraient sous les cylindres.

On éprouve encore de très grandes difficultés au broyage, si les déchets sont mélangés, dans leur masse, de textiles. Ceux-ci peuvent être détruits dans une dissolution faible et chaude d'acide sulfurique ou d'acide chlorhydrique, et par un chauffage à sec, qui suit l'immersion. C'est la méthode que nous avons déjà signalée pour désagréger le ligneux dans les lianes à caoutchouc.

Après la mouture, les déchets sont imprégnés d'eau sous pression et soumis à une nouvelle mouture qui, cette fois, doit donner une poudre assez fine, en s'aidant du tamisage.

Cette poudre passe alors à la régénération proprement dite, qui consiste à la chauffer à la vapeur, sous une pression de 8 à

10 atmosphères, à la passer toute chaude au mélangeur, qui reconstitue le caoutchouc en une masse.

Mais cette dernière phase du travail exige une exacte appréciation du traitement à appliquer, suivant la nature des déchets traités. Certaines sortes manquant d'onctuosité s'agglomèrent difficilement ; on leur ajoute alors de l'huile minérale lourde ou de l'huile de résine, du goudron, qui amollit le mélange et le rend adhésif.

Le produit est ensuite traité comme le caoutchouc brut, lorsqu'il sort du déchiqueteur-laveur ; c'est-à-dire qu'il peut être mastiqué (ce qui n'a pas toujours lieu d'ailleurs), puis mélangé avec des poudres inertes, le plus souvent aussi avec du caoutchouc naturel, et quelquefois du caoutchouc factice.

Pendant tous ces broyages et lavages, les déchets ont pu abandonner leur soufre non combiné, mais ils ne se sont pas dévolcanisés, c'est-à-dire qu'ils n'ont pas perdu leur soufre combiné chimiquement ; celui-ci paraît s'être modifié dans son genre d'action, et n'a pas fait obstacle à la réagglomération de la matière divisée.

Cette série d'opérations, qui n'est pas toujours suivie dans tous ses détails et qui, aussi, est quelquefois complétée par d'autres travaux non décrits, nous montre simplement le principe de la méthode, sans prétendre donner une description suffisante de l'intéressante industrie de la régénération des déchets de caoutchouc laquelle était brillamment représentée à l'Exposition par M. Lévy-Médart.

Ébonite. — L'ébonite ou caoutchouc durci est une matière relativement nouvelle présentant de très intéressantes propriétés. Elle est dure sans rudesse, comme par exemple l'ivoire et la corne, se façonnant aux outils tranchants, prenant un beau poli, et recevant, d'ailleurs, de très nombreuses applications industrielles, notamment en tabletterie.

On en fabrique même jusqu'à des plumes à écrire, inoxydables, mais se prêtant peu, il est vrai, à des effets calligraphiques, car leurs traits sont gros, et elles manquent d'élasticité.

La composition de l'ébonite est assez complexe ; elle varie sensiblement d'une fabrication à l'autre. Toutefois le procédé suivant pourrait être considéré comme une base, dont se rapprochent plus ou moins les sortes courantes du commerce :

Ce produit s'obtient en augmentant notablement la proportion de soufre dans la volcanisation par incorporation. Il se prépare spécialement avec du caoutchouc de l'Inde que l'on ramollit à +80°, et qu'on débite en petits fragments qui sont ensuite soumis à l'action du déchiqueteur.

Le caoutchouc, alors réduit en fragments très menus, est séché, battu et traité par une solution de soude qui achève sa purification.

Après un nouveau passage au diable, le caoutchouc est livré au mastiqueur où on lui incorpore la proportion de soufre sublimé qui doit le volcaniser, et qui varie entre 25 et 40 %.

La pâte ainsi obtenue a une couleur jaune, on la cuit dans des autoclaves, à une pression de 4 à 5 atmosphères. La cuisson la durcit et lui communique une très belle couleur noire.

Quelquefois on y ajoute de l'huile de lin, crue ou siccative.

Après refroidissement, les blocs sont débités à la scie, en feuilles que l'on façonne, après les avoir rendues malléables, en les plongeant dans l'eau chaude, quand il s'agit de moulages.

Mais l'ébonite se travaille le plus souvent à la scie, au tour, à la gouge, à la lime, au grattoir, etc., comme la corne et l'ivoire.

On polit enfin les pièces, à la pierre ponce et à l'huile, employée sur des disques tournants, recouverts de peau de chamois tannée, ou de peau de phoque.

Le nom « vulcanite » a été donné à des caoutchoucs durcis, colorés artificiellement en rouge ou autres teintes.

Le noir qui se produit naturellement est souvent remonté par du noir de fumée.

Importance commerciale. — Nous devons ajouter quelques chiffres sur le mouvement d'affaires en caoutchouc brut, et sans prétendre offrir une statistique commerciale donnant une idée complète de l'ensemble des transactions.

La production mondiale est évaluée à 75,000,000 de kilogrammes, chiffre dans lequel il faut comprendre la gutta-percha et la balata.

Sur cette quantité, les Amériques en fournissent 40,000,000 de kilos, dans lesquels le Para compte à lui seul pour 34,000,000.

Nos colonies sur la côte occidentale d'Afrique, d'après les statistiques douanières, en exportent pour 35 millions de francs, le produit étant estimé à 8 francs le kilogramme. Admettons donc, en forçant un peu, 5,000,000 de kilos.

Les colonies anglaises en produisent 6.000.000, et le Congo belge, de 6 à 7.000.000.

L'excédent provient des autres lieux beaucoup moins importants de production.

Voici l'importation sur les places commerciales où les marchés du caoutchouc se sont établis. Nous n'avons pu nous procurer des chiffres plus récents ; ils ne sont pas, d'ailleurs, d'époques très éloignées :

	1900 — Kilos	1901 — Kilos	1902 — Kilos	1903 — Kilos
Etats-Unis . .	20.468.000	23.208.000	21.842.000	24.760.000
Liverpool . . .	17.831.000	17.665.000	16.308.000	18.865.000
Hambourg (1) .	6.500.000	7.000.000	7.500.000	7.550.000
Anvers (2) . .	5.698.000	5.849.000	5.404.000	5.726.000
Le Havre (1) .	4.327.000	5.221.000	5.089.000	5.200.000
Londres . . .	2.202.000	1.027.000	828.000	1.356.000
Bordeaux . . .	121.213	164.000	664.900	1.113.000
Totaux	57.147.213	60.134.000	57.635.909	64.770.000

Nous ne pouvons assigner des cotes aux diverses sortes qui nous parviennent, parce que les cours sont des plus mobiles, et, d'ailleurs, tendent sans cesse à la hausse, de façon que d'un mois à l'autre, les mercuriales perdent toute signification.

Mais nous présenterons par ordre de mérite, les qualités nous arrivant le plus communément, et cet ordre étant établi d'après l'échelle décroissante des prix pratiqués sur nos marchés.

Voici ce classement :

Sortes Para.

Fin Haut-Amazone.
Entrefin.
Sernamby de Manaos.
— du Pérou.
Slabs.
Cameta.
Manicoba.

(1) Chiffres approximatifs.

(2) Transit non compris, comprenant seulement les affaires en première main.

Sortes d'Afrique.

Kasaï.
Conakry.
Haut-Congo.
Massaï.
Lopori.
Sangha.
Madagascar rosé.
Benguella.
Twists du Soudan.
Cameroun.
Grand-Bassam (gâteaux).
Mayumba (plaques).
Niger brun.
— blanc.
Thimbles.
Madagascar noir.
— niggers.

Admettons, pour fixer un peu les idées, que les prix de ces diverses sortes soient compris entre 5 et 15 francs le kilogramme.

Le caoutchouc et la gutta-percha, bruts ou refondus en masse, sont exempts de droits de douane. Les « ouvrages en caoutchouc et en gutta-percha » sont, au contraire, assez fortement imposés.

Nous avons vu plus haut dans le tableau des importations que le grand marché européen du caoutchouc est Liverpool. En France ce sont les places du Havre et de Bordeaux qui reçoivent ce genre de marchandises et nous pouvons remarquer aussi que le chiffre de ses importations s'accroît d'une année à l'autre en de rapides proportions.

M. Félix Faucher, exposant à la Classe 54, a su réunir en un groupement important les produits de provenance africaine, des grands importateurs bordelais, et en a fait l'historique dans une élégante brochure offerte aux visiteurs de l'Exposition.

Nous y relevons les chiffres qui suivent, témoignant de l'importance que prend sans cesse le marché bordelais.

Relevé des importations de caoutchouc, à Bordeaux.

	1903 — Kilos	1904 — Kilos	Jusqu'au 1er avr. 1905 — Kilos
Twists Soudan	550.500	368.057	41.263
Niggers Soudan	159.400	239.636	127.393
A reporter. .	709.900	607.693	168.656

Report. .	709.900	607.693	168.656
Sikasso	159.400	239.636	13.972
Niggers Conakry	148.000	178.700	132.780
Gambie ou Casamance	144.400	111.355	39.752
Lahou Twists	—	83.370	9.650
Lahou Niggers . . . . } Lahou Cakes . . . . }	19.900	29.010	15.300
Lahou Cakes Baoulé	11.000	16.375	3.440
Lahou Gouros	—	5.290	1.000
Bassam Lomps	20.500	22.300	4.150
Bassam Niggers	—	6.500	2.750
Bassam Cakes	—	3.285	2.200
Sortes Congolaises	50.000	45.650	18.700
Bissao Guinée Portugaise	—	3.100	—
Java et Sumatra	2.500	15.825	—
Sortes Madagascar	3.500	45.700	11.000
» Centre Amérique	3.000	5.000	1.900
Balata	—	2.650	—
Nouvelle Calédonie	300	900	1.500
Mexique	—	—	600.
Tonkin	—	—	2.800
Totaux	1.113.000	1.182.703	430.150

Cet intéressant exposé démontre les efforts accomplis par certaines maisons bordelaises pour créer un centre de ravitaillement, un marché des caoutchoucs en un point plus proche des côtes d'Afrique que les places de Liverpool, Anvers et Hambourg.

La tentative a déjà obtenu un certain succès par le fait que des maisons anglaises ont commencé à passer des marchés directement avec ces importateurs de Bordeaux.

Il était important de montrer en Belgique, pays si grandement représenté par la place d'Anvers, qu'un marché nouveau, créé en France, avait su prospérer concurremment avec Anvers, Liverpool et Hambourg.

On doit aussi remarquer que la place du Havre a pris une importance très notable dans ce genre de commerce.

JONCS ET ROTINS

Ces tiges sont l'objet d'un commerce considérable ; nous avons pu à cet égard citer une maison, celle de M. A. Porral, exposant de la Classe 54, qui en importe à elle seule 2.000.000 de kilogrammes, y compris le tampico qui est une fibre végétale employée principalement dans la brosserie.

Leurs principaux usages sont les manches de cannes, de parapluies et de fouets, les cannes à pêche et hampes diverses, le cannage des sièges, en se servant de rotins filés, la vannerie qui emploie des rotins mous ou filés, les imitations de baleines pour corsets et parapluies, les tiges pour fleuristes et ganses pour fruits, les articles de sparterie, et tant d'autres emplois dont un essai d'énumération resterait toujours incomplet.

Les *rotins*, *rotangs* ou *rottings* sont des roseaux provenant le plus souvent des Indes Orientales, et de l'Afrique intertropicale, dénommés par Linné : *Calamus rotang*.

Ces végétaux qui ont le port d'une graminée et la fructification d'un palmier, se distinguent par une tige très grêle, offrant des entre-nœuds longs et espacés, armés d'épines, s'attachant aux grands arbres comme les lianes, et atteignant une longueur énorme : 25 à 50 mètres et même plus.

Il en existe un grand nombre de variétés, mais la plupart ne nous sont encore qu'imparfaitement connues.

Les unes fournissent les baguettes à battre les habits, ou à dégorger les conduits d'éviers obstrués; on les fend aussi en petites lanières (rotins filés) pour le cannage des chaises et fauteuils.

D'autres se réduisent en une filasse avec laquelle on fabrique des câbles, des cordages d'une grande force.

A Malacca il se fait un commerce immense de ces tiges, pour la Chine, le Bengale et l'Europe. Ceux que nous recevons arrivent en faisceaux de 100 rotins pliés en deux ou en trois, et liés au milieu.

Les plus estimés sont les plus longs, polis et jaune pâle. Les meilleures qualités se récoltent aux îles de Bornéo et de Sumatra.

On nomme aussi « rotins » les cannes de bambou. Leur jet est moins long et leur grosseur plus forte, la tige est espacée par des nœuds saillants. On doit préférer les plus fins, les plus brillants et les plus lourds.

Ils nous arrivent en bâtons de un mètre à un mètre et demi. Ils se vendent au nombre ou au poids net.

Les *joncs*, famille de Joncacées, ne doivent pas être confondus avec les roseaux, quoique les uns et les autres croissent dans les lieux humides, et aient quelques analogies d'apparence extérieure.

Les Joncacées ou Joncées comprennent aussi un assez grand nombre d'espèces. Au point de vue des utilisations industrielles nous ne devons nous arrêter qu'aux deux suivantes :

1° Le « jonc d'eau » ou « jonc des chaisiers » ; c'est une plante aquatique, dont les tiges courtes sont droites, rondes, sans nœuds, vertes et lisses.

On s'en sert principalement pour canner les chaises. Les plus grosses espèces s'emploient en tonnellerie.

2° Le « jonc des Indes » nous arrive de ce pays en baguettes ou bâtons de 1 m. 50 de longueur sur 2 à 3 centimètres de grosseur ; c'est une tige d'une consistance ligneuse, et en même temps flexible, présentant une arête, et couverte d'un émail uni et brillant.

Les plus pesantes (1), les mieux glacées sont préférées. Il existe des joncs tigrés auxquels les amateurs mettent souvent un très grand prix.

Cet article, nommé quelquefois aussi rotin, est le bois le plus luxueux pour les cannes : léger et solide à la fois, d'une flexibilité modérée et juste nécessaire, et ne se déformant pas (restant droit) après même un long usage.

Cependant la mode a mis actuellement en faveur d'autres bois pour les cannes de riche fantaisie, notamment le laurier dit de

(1) « Pesantes » comparativement, car les joncs sont toujours des bois légers.

Patmos, et ce que l'on appelle les « bois anglais » ; ils sont loin de valoir un bon jonc.

Les tiges de parapluies se font en tubes de laiton, afin de réduire le volume de l'instrument replié, mais elles n'offrent aucune résistance lorsqu'on veut s'y appuyer. Les fausses baleines ne se font plus guère en rotin ; les parapluies ont des baleines en fer à gouttière ; les corsets emploient la fausse baleine en corne.

Toutes ces suppressions d'emplois des tiges de roseaux et de joncs en ont d'un côté restreint le commerce, mais d'autres applications en ont augmenté la consommation, notamment l'article de pêche qui en fait usage pour cannes de lignes, montures de filets, etc., et enfin, le cannage des chaises se substitue de plus en plus au paillage.

On fait des paniers d'emballage légers et solides avec des roseaux fendus en baguettes.

Les bambous servent maintenant de hampes, rigides et légères, à de nombreux instruments et ustensiles.

Le commerce des rotins et joncs continue donc à être prospère, malgré quelques difficultés passagères.

LIÈGE ET SES DÉCHETS

Le mot liège signifierait *léger*, d'après l'étymologie douteuse, du latin : *levis*.

Habitat. — Il provient d'une espèce de chêne vert le *Quercus suber*, ou *Chêne-liège*, qui croît en Italie, en Espagne, en Portugal, en Algérie, en Corse et dans le Sud de la France.

Toutefois, dans cette dernière région : comprenant principalement les départements de la Gironde, des Landes et des Basses-Pyrénées, le chêne-liège disparaît de plus en plus. On avait fondé de grands espoirs sur sa culture pour doter les Landes d'une exploitation forestière convenant à son climat et à son sol, mais malgré que la végétation du chêne-liège s'y fasse bien, il a fallu renoncer à son développement devant la production beaucoup plus abondante et plus économique de l'Algérie.

C'est l'Algérie qui alimente à peu près exclusivement toute notre consommation, on y cite des exploitations très étendues de *Quercus suber*. Par exemple à La Calle (département de Constantine) 8.000 hectares produisant annuellement de 4 à 5.000 quintaux de liège en balles ; à El-Haunser (département de Constantine) 5.000 hectares sont en exploitation ; à Beni-Kalfoum (département d'Alger), une forêt de chêne-liège a 1.200 hectares de surface ; une société financière exploite des chênes-lièges sur une étendue de 48.000 hectares, formée de la réunion de plusieurs propriétés. Et combien d'autres encore !...

Mais il faut reconnaître que les propriétaires ou concessionnaires de ces forêts font des dépenses souvent considérables pour la mise en valeur de leurs exploitations. Les coupes sont desservies par des routes et des chemins bien tracés ; les forêts sont des mieux entretenues ; des travaux de débroussaillement et de nettoiement sont exécutés dans de bonnes conditions.

Récoltés à 12 ou 13 ans pour les qualités supérieures et à 10 et 11 ans pour les sortes courantes, les lièges algériens sont très appréciés par leur grain serré, leur imperméabilité, leur couleur blanche et leur absence d'odeur. Ces qualités sont dues à la nature du terrain, et surtout à sa bonne exploitation.

(Une couleur légèrement rosée est plus estimée encore que le blanc, mais ce que l'on évite autant que possible, ce sont les teintes fauves ; certains fabricants teignent artificiellement en rose très clair, les bouchons blancs).

En Tunisie, le chêne-liège occupait il y a quelques années, un espace de 116.084 hectares.

En Espagne, et surtout au Portugal, cette culture se développe également sur de grandes étendues de terrain.

L'Espagne confectionne principalement le bouchon, soit né de son territoire, soit des nations voisines, et fait l'exportation dans tous les pays du monde. Une société de la province de Gérona possède 30 fabriques, et exporte, par mer seulement, 185 millions de bouchons, et peut-être ce chiffre, qui remonte à plusieurs années, s'est-il augmenté.

Le Portugal fabrique aussi des bouchons, mais exporte davantage le liège en planches, et sa production est considérable. Une fabrique à Sétubal, produit 500.000 kilos de liège en planches, et 10 millions de kilos de bouchons ; une autre, de Lisbonne, a un chiffre d'affaires annuel de 1.110.000 francs pour les planches préparées et de 166.000 francs pour les bouchons.

Les exploitations françaises n'ont pas des organisations aussi puissantes, et ne pouvaient lutter contre l'Algérie principalement dont les produits sont supérieurs à ceux de l'étranger.

Cependant, la barrière douanière reste ouverte autant aux uns qu'aux autres, car au tarif minimum, qui est celui le plus souvent appliqué, les lièges bruts sont exempts.

Au tarif général, le « liège brut, râpé ou en planches », paie 3 francs les 100 kilos, ce qui n'est pas, non plus, un grand obstacle à l'importation.

La bouchonnerie est un peu mieux protégée, et puisque nous en sommes sur ce sujet, rappelons-en les tarifs :

	LES 100 KILOS.	
	Tarif général	Tarif minimum
Bouchons, longueur de 50 millimètres et plus	36 francs	27 francs
Bouchons, longueur de moins de 50 millimètres	27 —	20 —
Liège ouvré, autre	6 —	5 —

Les rognures ou déchets sont des lièges « râpés » entrant en franchise.

Culture. — La récolte des lièges se fait tous les 8, 10 ou 12 ans : un même arbre peut fournir 10 ou 12 récoltes.

Cet arbre se perpétue par sa graine ou son gland, que l'on sème suivant certaines conditions reconnues favorables.

Le chêne-liège vient comme le chêne vert, mais le tronc n'en est pas si gros. Sa tige est droite et s'élève jusqu'à 10 mètres, en portant peu de branches. Son écorce est très épaisse, crevassée, légère, spongieuse, grise à sa surface, et intérieurement jaune-citrin ; elle se fend et finit par se séparer elle-même de l'arbre si on ne l'en détache pas, et cela lorsqu'il a atteint sa quinzième année. La seconde écorce prend aussitôt une force de croissance qui lui permet de remplacer la première, qu'elle repousse violemment.

Quand après quinze ans, cette première écorce ne tombe pas, on l'enlève en passant au-dessous un bâton taillé à plat ; elle cède généralement sans effort.

Ces lièges de première écorce sont inserviables pour la bouchonnerie.

La seconde écorce que l'on recueille après une dizaine d'années en moyenne, est peu semblable à la première, elle est toujours unie et peu crevassée. Lorsqu'on la juge suffisamment épaisse, des ouvriers armés d'une petite hachette commencent par sonder l'arbre en frappant sur l'écorce ; si les sons produits sont très sourds, l'écorce est bonne à récolter. On fait alors trois entailles ; l'une en hauteur, depuis la naissance des branches jusqu'au sol, et les deux autres au pourtour du tronc, en haut et en bas ; les ouvriers passent ensuite le manche de leur outil entre l'arbre et l'écorce qu'ils cherchent à obtenir entière, ce qui ne réussit pas toujours.

L'arbre dépouillé se dit « démasclé »

On ramasse enfin les écorces qu'on trie et qu'on transporte sur les lieux de préparation. Là, on les fait bouillir dans de l'eau pure, ou bien on les expose sur des charbons ardents pour chauffer les surfaces, ce qui permet de dérouler et d'aplatir l'écorce, qui prend alors le nom de liège en planche.

Pour la fabrication des bouchons, on ne se sert que de liège traité par l'eau bouillante, celui travaillé par enfumage n'est destiné qu'à des emplois inférieurs.

Les maîtresses branches du chêne-liège en fournissent souvent de plus beaux que les troncs mêmes, et aujourd'hui on les démascle en même temps pour en faire des bouchons-taupettes très fins et très élastiques.

Sortes commerciales. — Les bonnes qualités de liège sont claires ou rosées, souples, élastiques, à pores très fins et unis, légères et sans piqûres d'insectes.

On distingue trois catégories de liège : l'*épais*, le *bâtard* et le *mince*.

Le premier doit avoir de 30 à 45 millimètres d'épaisseur ; il se divise en *fin*, *bas fin* et *commun*. Ce dernier est de peu de valeur.

Le liège bâtard est habituellement beau ; son épaisseur est de 25 à 30 millimètres.

Le liège mince doit avoir de 18 à 25 millimètres d'épaisseur ; on le classe en *fin* et en *commun*. Ce dernier est dur, boiseux et piqué.

On ne trouve pas toujours dans les planches, des épaisseurs

assez fortes pour y tailler des bouchons de gros calibres, surtout quand ceux-ci doivent être pris dans des lièges très fins ; or l'épaisseur est en raison inverse de la qualité pour des écorces de même âge. Dans ce cas, on réunit par une colle imperméable, deux planches, et c'est dans cet assemblage que l'on taille parfois les gros bouchons pour vins de Champagne, lesquels sont pourtant de la bouchonnerie hors ligne, se cotant jusqu'à 250 francs le mille.

Le liège en planches se vend au poids, en balles françaises de 50 kilogrammes, ou portugaises de 100 kilogrammes. Il existe dans toutes un mélange de qualités diverses que l'on classe avant fabrication. Les bouchons se vendent au nombre : en balles de 2.000 longs, de 2 à 3.000 courts, de 6.000 à taupettes.

Utilisation des déchets. — La taille des bouchons se fait aujourd'hui à la machine, mais que l'on ait employé la machine ou le couteau à main, on produit toujours une grande quantité de rognures ou déchets, auxquelles se joignent, maintenant qu'ils ont de la valeur, les débris de l'écorçage.

Pendant longtemps, ces déchets n'avaient aucune utilisation avantageuse : une très petite quantité était convertie en noir de peinture. Une autre constituait le terrain des manèges d'équitation ; les débris de liège amortissant le heurt des chutes, et malgré qu'ils soient bientôt pulvérisés par les foulées des chevaux, il ne s'en élève pas de nuages de poussière, comme ferait la terre ou le sable, et ne se massent pas en un sol dur sous l'action de ce pilonnage.

On avait proposé et expérimenté l'emploi de ces déchets pour la fabrication d'un gaz d'éclairage *non sulfurant* ; le gaz, en effet, obtenu par la combustion du liège, n'est pas sulfureux. Cette propriété offrait un grand intérêt au point de vue de la conservation des peintures d'art, que le gaz ne tarde pas à voiler de gris.

Une expérience fut faite sur le gaz de liège, il y a quinze ou vingt ans, à l'Opéra de Paris, où l'on installa un four à cornues avec canalisation éclairant quelques salles de l'administration du théâtre.

La lumière obtenue était vive, blanche et sans émanation sulfureuse ; satisfaisante, en un mot ; ce procédé ne fut pourtant pas adopté. L'éclairage à l'électricité lui ôte actuellement tout intérêt.

Son défaut principal nous paraît être le volume que fait un

poids restreint de débris de liège, ce qui aurait nécessité des cornues immenses, et ne donnant encore qu'un faible rendement de gaz.

Rappelons encore que le liège en poudre impalpable est employé en pharmacie sous le nom de *subérine*, comme succédané du lycopode pour poudrer les gerçures et excoriations superficielles.

Aujourd'hui les déchets de liège ont acquis une valeur fort appréciable, à ce point qu'ils constituent tout le bénéfice des bouchonniers.

Aux prix où sont tombés les bouchons, les établissements qui les produisent ne pourraient tenir s'il leur manquait la vente rémunératrice des déchets.

L'industrie sans cesse grandissante des « Lièges agglomérés », représentée à la Classe 54 par la Société Denniel et Cie, a opéré cette évolution dans le commerce des lièges.

Les déchets de liège, moulus en grains réguliers, de différentes grosseurs suivant leurs destinations, sont massés avec du plâtre ou toute autre matière adhésive, puis moulés par compression en matériaux de toutes formes que l'on désire.

Pour la construction, on fait des briques, des carreaux agglomérés au plâtre, avec lesquels on construit des murs intérieurs, des plafonnages, isolants du son, de la chaleur (du froid par conséquent), légers et ne donnant pas de prise à l'humidité.

Les agglomérés liège et amiante sont des enduits calorifuges, constituant de bonnes garnitures pour la tuyauterie de vapeur et pour les bacs ou réservoirs, devant conserver des liquides chauds.

Aggloméré au brai, le liège devient apte à faire des caniveaux et autres conduites d'eau.

Les emplois peuvent en être très nombreux, mais la construction, surtout, fait déjà une très grande consommation de lièges agglomérés.

Et les déchets des industries du liège ne sont plus des résidus perdus.

« Il n'y a pas de résidus ! » disait Payen, et chaque jour, les progrès incessants de l'industrie nous montrent la vérité de cet apophtegme.

Conclusion

Les Classes 53 et 54 n'étaient peut-être pas celles qui provoquaient le plus l'attention du public cherchant, à l'Exposition, des distractions, ou de brillantes exhibitions qui attirent et retiennent le regard.

Pour le naturaliste, l'industriel et le commerçant, elles étaient, par contre, d'un très grand intérêt, et c'est ce que nous avons essayé de faire ressortir, d'une façon bien insuffisante, nous le reconnaissons.

Dans notre revue rapide des produits exposés, nous avons signalé quelques-unes de leurs particularités ; nous devions cependant revenir et nous arrêter un peu plus sur ceux dont l'importance commerciale méritait une mention spéciale.

Parmi ces produits, il en est de très anciennement connus ; il semble pourtant que le livre de la Science ne se ferme jamais sur eux ; que chaque époque y apporte tour à tour quelques faits encore inédits, et offrant toujours de nouveaux matériaux à qui entreprend d'en esquisser l'histoire.

Si imparfaite que soit notre œuvre, elle put au moins glaner quelques épis oubliés ou nouvellement surgis dans le champ fertile de la Science et de l'Industrie.

L'Exposition a offert une vaste matière à nos recherches, en même temps qu'elle nous a montré une fois de plus les merveilleuses ressources de l'ingéniosité humaine, que l'on retrouve chez tous les peuples en général, chez nos hôtes et amis belges notamment, et qui rayonne avec tant d'éclat sur notre belle France.

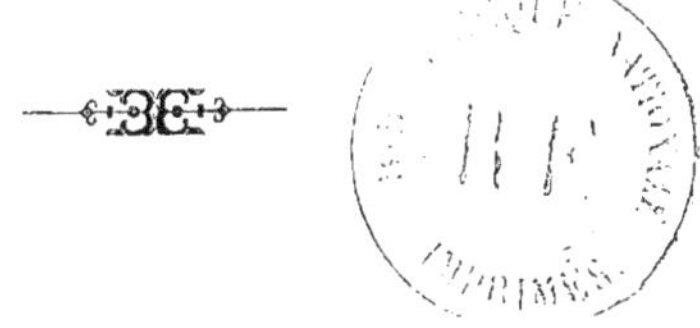

TABLE DES MATIÈRES